Energiewirtschaftliche Integration von mehrfach genutzten Solarstromspeichern

Von der Fakultät für Elektrotechnik, Informationstechnik, Physik
der Technischen Universität Carolo-Wilhelmina zu Braunschweig

zur Erlangung des Grades eines Doktors
der Ingenieurwissenschaften (Dr.-Ing.)
genehmigte

Dissertation

von Dipl.-Wirtsch.-Ing. Daniel Unger
aus Lüneburg

eingereicht am: 28.11.2018

mündliche Prüfung am: 30.10.2019

1. Referent: Prof. Dr.-Ing. Bernd Engel

2. Referent: Prof. Dr.-Ing. Hans-Peter Beck

Druckjahr: 2019

Bibliografische Information der Deutschen Nationalbibliothek
Die Deutsche Nationalbibliothek verzeichnet diese Publikation in der Deutschen Nationalbibliografie; detaillierte bibliografische Daten sind im Internet über
http://dnb.d-nb.de abrufbar.

ISBN 978-3-8439-4280-5

Dissertation an der Technischen Universität Braunschweig,
Fakultät für Elektrotechnik, Informationstechnik, Physik

Sternstr. 18, 80538 München
Tel.: 089/66060798
www.dr.hut-verlag.de

1. Auflage 2019

Danksagung

Die vorliegende Arbeit entstand während meiner Tätigkeit als wissenschaftlicher Mitarbeiter am Institut für Hochspannungstechnik und Elektrische Energieanlagen – elenia der Technischen Universität Braunschweig.

Besonderer Dank gilt meinem Doktorvater Herrn Prof. Dr.-Ing. Bernd Engel für die fachliche Betreuung und das Vertrauen in diese Arbeit. Zudem danke ich Herrn Prof. Dr.-Ing. Hans-Peter Beck vom Institut für Elektrische Energietechnik und Energiesysteme der TU Clausthal für die Übernahme des Zweitgutachtens und Herrn Prof. Dr. Achim Enders vom Institut für Elektromagnetische Verträglichkeit der TU Braunschweig für die Übernahme des Vorsitzes der Prüfungskommission.

Bei allen Kolleginnen und Kollegen des elenia, insbesondere der Arbeitsgruppe Energiesysteme, möchte ich mich für den fachlichen Austausch, die Unterstützung und das angenehme Arbeitsumfeld sehr herzlich bedanken.

Ebenso richtet sich mein Dank an alle Studierenden, die als wissenschaftliche Hilfskraft oder durch ihre Abschlussarbeit diese Arbeit unterstützt haben.

Meinen Eltern danke ich für die Unterstützung und das Vertrauen während meines Studiums und bei der Erstellung dieser Arbeit. Gleichzeitig danke ich Laura für den Rückhalt und die nötige Geduld in all den Jahren.

Braunschweig, Dezember 2019

Kurzfassung

Die ständige Verfügbarkeit elektrischer Energie hat eine hohe volkswirtschaftliche Bedeutung. Für ein zukünftiges Energiesystem mit einer steigenden Erzeugung aus erneuerbaren Energien wird mehr Flexibilität benötigt. Einen Beitrag zu der benötigten Flexibilität können Solarstromspeicher leisten. Es werden 560 Haushalte simuliert, welche sich im Jahresenergieverbrauch, der Photovoltaikanlagengröße und der Speichergröße unterscheiden. Die Kombinationen werden jeweils so gewählt, dass die Summe der durchschnittlichen Verteilung im Jahr 2015 entspricht. Als Ergebnis wird das Modell eines Durchschnittsspeichers mit einer Kapazität von 4,8 kWh entwickelt.

Über zwei Betriebsweisen können Solarstromspeicher ihre verfügbare Kapazität am Energiemarkt anbieten. Bei der sequenziellen Betriebsweise nutzt in jedem Zeitschritt nur ein Nutzer den Solarstromspeicher. Das kann der Haushalt mit der Eigenverbrauchsoptimierung oder ein dritter Anbieter mit der Nutzung am Energiemarkt sein. Die Solarstromspeicher werden jeweils leer dem nächsten Nutzer übergeben. Es stehen so pro Jahr durchschnittlich 22 % der Speicherkapazität für eine Mehrfachvermarktung zur Verfügung. Bei der zweiten Betriebsweise, dem simultanen Betrieb von Solarstromspeichern, können pro Jahr durchschnittlich 55 % der Speicherkapazität für die Mehrfachvermarktung genutzt werden. Die Steigerung gegenüber dem sequenziellen Betrieb ist möglich, weil alle Nutzer gleichzeitig den Solarstromspeicher nutzen. Generell ist die Verfügbarkeit in den Wintermonaten höher als in den Sommermonaten.

Die Nutzung der Solarstromspeicher am Energiemarkt beeinflusst die restliche Erzeugungsstruktur. Für die Untersuchung der Auswirkungen wird ein Fundamentalmodell des Energiemarktes entwickelt, welches auf einer gemischt-ganzzahligen Optimierung beruht. Die Simulation von Szenarien erfolgt in einem Zeitraster von 15 Minuten für eine Winterwoche mit hoher Last und niedriger Einspeisung aus erneuerbaren Energien und einer Sommerwoche mit entsprechend niedriger Nachfrage und hoher Einspeisung. Die Eingangsdaten umfassen den Kraftwerkspark in Europa und die Übertragungsleistung der Grenzkuppelstellen. Der Einsatz mehrfach genutzter Solarstromspeicher im Jahr 2015 hat nur geringe Auswirkungen auf den Energiemarkt. Grund ist die niedrige installierte Anzahl an Speichern.

Im Jahr 2030 führt eine im Vergleich zu 2015 höhere verfügbare Anzahl an Solarstromspeichern zu einem deutlichen Einfluss auf den Energiemarkt. Die erzeugte Energie aus Gaskraftwerken und die exportierte Energie wird in der Winterwoche mit einer steigenden Anzahl an mehrfachgenutzten Solarstromspeichern reduziert. In der Sommerwoche führt eine höhere Speicherkapazität von Solarstromspeichern zu einer stärkeren Nutzung von heimischen Steinkohlekraftwerken. Die Erzeugungsleistung aus heimischen Braunkohlekraftwerken wird dafür reduziert. Sowohl in der Winter- als auch in der Sommerwoche wird der Ausstoß von CO_2 durch den Einsatz der mehrfachgenutzten Solarstromspeicher reduziert. Die eingesparte Menge liegt zwischen 1.300 und 5.000 Tonnen.

Abstract

The constant availability of electrical energy is of great economic importance. More flexibility is needed for a future energy system with increasing generation from renewable energies. Solar energy storage systems can make a contribution to the required flexibility. 560 households have been simulated, which differ in the annual energy consumption, the photovoltaic system size and the storage size. The combinations are selected in such a way that the sum corresponds to the average distribution in 2015. As a result, an average storage capacity of 4.8 kWh is developed.

There are two modes of operation that allow solar energy storages to offer their available capacity on the energy market. In the sequential mode of operation, only one user uses the solar power storage system in each time step. This can be the household with the own consumption optimization or the supplier with the use on the energy market. The solar power storages are always handed over empty to the next user. Thus, an average of 22 % of the storage capacity is available for multiple marketing each year. In the second operating mode, the simultaneous operation of solar power storags, an average of 55 % of the storage capacity can be used for multiple marketing per year. The increase compared to sequential operation is possible because all users use the solar storage at the same time. In general, availability is higher in the winter months than in the summer months.

The use of solar energy storages on the energy market influences the remaining generation structure. A fundamental model of the energy market will be developed for the investigation of the effects, which is based on a mixed integer optimization. The simulation of scenarios takes place in a time grid of 15 minutes for a winter week with high load and low feed-in from renewable energies and a summer week with correspondingly low demand and high feed-in. The input data include the power plant park in Europe and the transmission capacity of the cross-border interconnectors. The use of multiple solar power storage in 2015 will have little impact on the energy market. The reason for this is the low installed number of storages.

In the year 2030 a higher available number of solar power storages leads to a higher influence on the energy market. In general, multiple-use solar power storage systems represent a further flexibility option. In few hours, the flexibility options complement each other, so that the use of solar energy storages leads to an increased use of pumped storage power plants. In some scenarios, however, the use of solar energy storage systems also reduces the use of pumped storage power plants. The energy generated by gas-fired power plants is reduced with an increasing number of multiple-used solar power storages. A higher storage capacity leads to higher full load hours of coal-fired power plants or foreign, cheaper generation technologies. Only with a rising CO_2 price does generation from gas-fired power plants increase.

Inhaltsverzeichnis

Abkürzungen

ABLAV	Verordnung über Vereinbarungen zu abschaltbaren Lasten
BHKW	Blockheizkraftwerk
BK	Braunkohle
CPLEX	IBM ILOG CPLEX Optimization Studio
CWE	Region Zentralwesteuropa
DT	Dampfturbine
EEG	Erneuerbare-Energien-Gesetz
EEX	European Energy Exchange
ENTSO-E	European Network of Transmission System Operators for Electricity
EPEX	European Power Exchange
GT	Gasturbine
GuD	Gas-und-Dampf
IT	Informationstechnik
KfW	Kreditanstalt für Wiederaufbau
KWK	Kraft-Wärme-Kopplung
MILP	Mixed Integer Linear Programming
MRC	Multi Regional Coupling
NP	Nichtdeterministisch polynomielle Zeit
NTC	Network Transfer Capacity
NWE	Regione Zentralwesteuropa und Nordeuropa
PTDF	Power Transfer Distribution Factors
PSK	Pumpspeicherkraftwerk
PV	Photovoltaik
RLM	Registrierende Leistungsmessung
SK	Steinkohle
SOS	Special Ordered Set
SQL	Structured Query Language
TRM	Transmission Reliability Margin
TTC	Total Transfer Capacity

Formelzeichen

Im Folgenden werden die für die mathematische Beschreibung des Fundamentalmodells benötigten Indizes, Sets, Parameter und Variablen definiert. Alle Leistungen werden in MW, alle Energiebeträge in MWh und alle Geldeinheiten in Euro gezählt.

Index, Set	*Beschreibung*
t, t^{β}	Index für Zeit ($t \in \mathcal{T}$)
m, m^{β}	Index für die Marktgebiete ($m, m^{\beta} \in \mathcal{M}$)
r	Index für Regelleistungsarten ($r \in \mathcal{R}$)
r^{+}	Index für Regelleistungsarten mit positiver Leistungsänderung ($r^{+} \in \mathcal{R}^{+} \subset \mathcal{R}$)
r^{-}	Index für Regelleistungsarten mit negativer Leistungsänderung ($r^{-} \in \mathcal{R}^{-} \subset \mathcal{R}$)
z	Index für die möglichen Kraftwerkszustände (Stillstand, Anfahrt, Normalbetrieb) ($z \in \mathcal{Z}$)
τ	Index für Kraftwerkstechnologien (Gasturbine, Dampfturbine) ($\tau \in \mathrm{T}$)
b	Index für Brennstoffe (Kernenergie, Braunkohle, Steinkohle, Gas) ($\tau \in \mathcal{B}$)
k	Index für alle Kraftwerke in allen Marktgebieten ($k \in \mathcal{K}$)
k^{τ}	Index für ein Subset von dem Set Kraftwerke, aufgeteilt nach der Kraftwerkstechnologie ($k^{\tau} \in \mathcal{K}^{\tau} \subset \mathcal{K}$)
k^{b}	Index für ein Subset von dem Set Kraftwerke aufgeteilt nach dem genutzten Brennstoff ($k^{b} \in \mathcal{K}^{b} \subset \mathcal{K}$)
k^{m}	Index für ein Subset von dem Set Kraftwerke, aufgeteilt nach dem Marktgebiet, in welchem sich das Kraftwerk befindet ($k^{m} \in \mathcal{K}^{m} \subset \mathcal{K}$)
k^{kwk}	Index für ein Subset von dem Set Kraftwerke, in welchem sich alle KWK-Kraftwerke befinden ($k^{kwk} \in \mathcal{K}^{kwk} \subset \mathcal{K}$)
p	Index für die Punkte der SOS-Formulierung ($p \in \mathcal{P}$)
a	Index für alle aggregierten Kraftwerke in allen Marktgebieten ($a \in \mathcal{A}$)

a^m	Index für ein Subset von dem Set aggregierte Kraftwerke, aufgeteilt nach dem Marktgebiet, in welchem sich das Kraftwerk befindet ($s^m \in \mathcal{S}^m \subset \mathcal{S}$)
s	Index für alle Speicheranlagen, exklusive den Solarstromspeichern ($s \in \mathcal{S}$)
s^m	Index für ein Subset von dem Set Speicheranlagen, aufgeteilt nach dem Marktgebiet, in welchem sich der Speicher befindet ($s^m \in \mathcal{S}^m \subset \mathcal{S}$)

Parameter	*Beschreibung*
Δt	Zeitschrittlänge (15 Minuten), wird für die Umrechnung der Leistung in Energie benötigt
$C_{m,r,t}^{SRL}$	Kosten für die Nutzung der Schlupfvariable zur Regelleistungserbringung der Regelleistungsart r in einem Marktgebiet m zum Zeitpunkt t
C^{SAE}	Kosten für die Abregelung von erneuerbaren Energien
C^{SKR}	Kosten für die Aktivierung von Kaltreserve
$P_{m,r,t}^{RL}$	Ausgeschriebene Leistung der Regelleistungsart r in einem Marktgebiet m zum Zeitpunkt t
$P_{m,t}^{N}$	Nachgefragte Leistung in einem Marktgebiet m zum Zeitpunkt t
$P_{m,t}^{P}$	Erzeugte Leistung aus Photovoltaikanlagen in einem Marktgebiet m zum Zeitpunkt t
$P_{m,t}^{W}$	Erzeugte Leistung aus Windkraftanlagen in einem Marktgebiet m zum Zeitpunkt t
$P_{m,t}^{B}$	Erzeugte Leistung aus Biomasseanlagen in einem Marktgebiet m zum Zeitpunkt t
$P_{m,t}^{L}$	Erzeugte Leistung aus Laufwasserkraftanlagen in einem Marktgebiet m zum Zeitpunkt t
$P_{m,t}^{S}$	Erzeugte Leistung aus sonstiger Erzeugungsleistung in einem Marktgebiet m zum Zeitpunkt t
$P_{m,m^{\beta},t}^{AL(m\rightarrow m^{\beta})}$	Zu einem Zeitpunkt t verfügbare Austauschleistung zwischen Marktgebiet m und Marktgebiet m^{β}
$P_{m,m^{\beta},t}^{AL(m^{\beta}\rightarrow m)}$	Zu einem Zeitpunkt t verfügbare Austauschleistung zwischen Marktgebiet m^{β} und Marktgebiet m.
P_{k}^{KWN}	Nennleistung des Kraftwerks k
P_{k}^{KWM}	Mindestlast des Kraftwerks k
ω_{k}^{An}	Mindestbetriebszeit des Kraftwerks k
ω_{k}^{Aus}	Mindeststillstandszeit des Kraftwerks k
ζ_{k}^{KW+}	Maximale Rampe für eine positive Leistungsänderung des Kraftwerks k in einem Zeitschritt

ζ_k^{KW-}	Maximale Rampe für eine negative Leistungsänderung des Kraftwerks k in einem Zeitschritt
M_k^{KWmax}	Maximaler Wirkungsgrad von Kraftwerk k (bei Nennlast)
M_k^{KWmin}	Minimaler Wirkungsgrad von Kraftwerk k (bei Mindestlast)
$P_{k,r}^{KRL}$	Maximal möglicher Beitrag von Kraftwerk k an der Regelleistungsart r
$\Psi_{k^\tau,z,r}$	Dieser binäre Parameter beschreibt, welche Kraftwerkstechnologie τ in welchem Zustand z welche Regelleistung r erbringen kann
C_k^{KWB}	Brennstoffkosten für das Kraftwerk k zur Erzeugung einer MWh thermischer Energie
C_k^{KWS}	Sonstige variable Kosten für das Kraftwerk k zur Erzeugung einer MWh thermischer Energie
C_t^{CO2}	Kosten für den Erwerb eines CO_2-Emissionszertifikates zum Zeitpunkt t zur Emission einer Tonne CO_2
C_k^{KSU}	Kosten für den Startvorgang für das Kraftwerk k
T_k^{KSU}	Notwendige Anfahrzeit für den Startvorgang für das Kraftwerk k
Υ_k^{KW}	Emissionsfaktor für das Kraftwerk k
C_a^{ASU}	Kostenfaktor für den Anfahrvorgang von 1 MW Leistung für das aggregierte Kraftwerk a
C_a^{ASD}	Kostenfaktor für den Abfahrvorgang von 1 MW Leistung für das aggregierte Kraftwerk a
C_a^{ASUmax}	Anfahrkosten, wenn die gesamte Leistung des aggregierten Kraftwerks a hochgefahren wird.
P_a^{AKN}	Maximale Leistung des aggregierten Kraftwerks a
ϱ_a^{AKM}	Parameter für die Minimallast des aggregierten Kraftwerks a, kann Werte zwischen 0 und 1 annehmen
T_a^{AMS}	Mindeststillstandszeit für abgefahrene Leistung eines aggregierten Kraftwerks a
T_a^{AMB}	Mindestbetriebszeit für angefahrene Leistung eines aggregierten Kraftwerks a
ζ_a^{AK+}	Maximale Rampe in Prozent für die positive Leistungsänderung des aggregierten Kraftwerks a in MW/Δt

ζ_a^{AK-}	Maximale Rampe in Prozent für die negative Leistungsänderung des aggregierten Kraftwerks a in MW/Δt
C_a^{AKB}	Brennstoffkosten für das aggregierte Kraftwerk a zur Erzeugung einer MWh thermischer Energie
C_a^{AKS}	Sonstige variable Kosten für das aggregierte Kraftwerk a zur Erzeugung einer MWh thermischer Energie
Υ_a^{AK}	Emissionsfaktor für das aggregierte Kraftwerk a
M_a^{AKmax}	Maximaler Wirkungsgrad des aggregierten Kraftwerks a
M_a^{AKmin}	Minimaler Wirkungsgrad des aggregierten Kraftwerks a
SOC_s^{SPmax}	Maximale Speicherkapazität des Speichers s
H_s^{SPE}	Wirkungsgrad des Speichers s beim Einspeichern
H_s^{SPA}	Wirkungsgrad des Speichers s beim Ausspeichern
ψ_s	Selbstentladung je Zeitschritt des Speichers s in Prozent des Speicherstandes
P_s^{ESmax}	Maximale Einspeicherleistung des Energiespeichers s
P_s^{ASmax}	Maximale Ausspeicherleistung des Energiespeichers s
$P_{m,t}^{CSEmax}$	Maximale Einspeicherleistung der Solarstromspeicher im Marktgebiet m zum Zeitpunkt t
$P_{m,t}^{CSAmax}$	Maximale Ausspeicherleistung der Solarstromspeicher im Marktgebiet m zum Zeitpunkt t
$SOC_{m,t}^{CSmax}$	Maximale Speicherkapazität der Solarstromspeicher im Marktgebiet m zum Zeitpunkt t
H_m^{CSE}	Wirkungsgrad der Solarstromspeicher beim Einspeichern
H_m^{CSA}	Wirkungsgrad d der Solarstromspeicher beim Ausspeichern

Variablen	*Beschreibung*
$c_{k,t}^{KSU}$	Kosten für den Startvorgang des Kraftwerks k zum Zeitpunkt t
$c_{k,t}^{KFP}$	Variable Kosten für die Produktion einer MWh Energie des Kraftwerks k zum Zeitpunkt t
$c_{k,t}^{KSD}$	Kosten für das Herunterfahren des Kraftwerks k zum Zeitpunkt t
$p_{m,r,t}^{SRL}$	Leistung der künstlichen Schlupfvariable für die Erbringung der Regelleistung im Marktgebiet m für Regelleistung r zum Zeitpunkt t
$p_{k,r,t}^{KRL}$	Vorgehaltene Leistung in einem Zeitpunkt t, welche das Kraftwerk k für die Erbringung der Regelleistungsart r bereitstellt
$\delta_{k,z,t}^{KW}$	Zustand z, in welchem sich das Kraftwerk k im Zeitpunkt t befindet
$\vartheta_{k,t}$	Binäre Variable, gibt den Zustand an ob das Kraftwerk k im Zeitpunkt t startet oder nicht
$\eta_{k,t}$	Gibt den Wirkungsgrad von Kraftwerk k im Zeitpunkt t an
$\pi_{k,p}$	Enthält für jedes Kraftwerk k den Wirkungsgrad für den SOS-Punkt p
$\lambda_{k,t,p}$	Lambda-Operator für die SOS-Funktion. Für jedes Kraftwerk k, jeden Zeitpunkt t und jeden SOS-Punkt p gibt es einen Operator
$\gamma_{k,t,p}$	Binäre Variable für jedes Kraftwerk k, jeden Zeitpunkt t und jeden SOS-Punkt p, welche die Lösung des Modells über das Verfahren „Benders Decomposition“ ermöglicht
$\vartheta_{k,p,t}^{Y}$	Gibt die lineare Näherung für die Werte auf der Ordinaten an für die quadratische Kostenfunktion für das Kraftwerk k im Zeitpunkt t für den SOS-Punkt p
$\vartheta_{k,p}^{X}$	Gibt die lineare Näherung für die Werte auf der Abszisse an für die quadratische Kostenfunktion für das Kraftwerk k und für den SOS-Punkt p
$p_{k,t}^{KFP}$	Erzeugte Leistung in einem Zeitpunkt t, wenn sich das Kraftwerk k im Normalbetrieb befindet
$p_{s,r,t}^{SRL}$	Vorgehaltene Leistung in einem Zeitpunkt t, welche der Speicher s für die Erbringung der Regelleistungsart r bereitstellen kann
$p_{m,t}^{AR}$	Abgeregelte Leistung im Marktgebiet m zum Zeitpunkt t
$p_{m,t}^{KR}$	Aus der Kaltreserve aktivierte Leistung im Marktgebiet m zum Zeitpunkt t

$p^{AL}_{m,m^{\beta},t}$	Leistung, welche über die Interkonnektoren zwischen einem Marktgebiet m und einem benachbarten Marktgebiet m^{β} fließt
$c^{ASU}_{a,t}$	Kosten für den Startvorgang des aggregierten Kraftwerks a zum Zeitpunkt t
$p^{ASU}_{a,t}$	Leistung des aggregierten Kraftwerks a, welche zum Zeitpunkt t angefahren wird
$p^{ASD}_{a,t}$	Leistung des aggregierten Kraftwerks a, welche zum Zeitpunkt t abgefahren wird
$p^{AON}_{a,t}$	Leistung des aggregierten Kraftwerks a, welche zum Zeitpunkt t bereits angefahren ist
$c^{AFP}_{a,t}$	Variable Kosten für die Produktion einer MWh Energie des aggregierten Kraftwerks a zum Zeitpunkt t
$c^{ASD}_{a,t}$	Kosten für das Herunterfahren des aggregierten Kraftwerks a zum Zeitpunkt t
$p^{AFP}_{a,t}$	Fahrplanleistung des aggregierten Kraftwerks a zum Zeitpunkt t
soc^{SP}_{s}	Speicherstand des Speichers s zum Zeitpunkt t (am Ende der Periode)
$p^{ES}_{s,t}$	Einspeicherleistung des Energiespeichers s zum Zeitpunkt t
$p^{AS}_{s,t}$	Ausspeicherleistung des Energiespeichers s zum Zeitpunkt t
$p^{CA}_{m,t}$	Ausspeicherleistung der Solarstromspeicher im Marktgebiet m zum Zeitpunkt t
$p^{CE}_{m,t}$	Einspeicherleistung der Solarstromspeicher im Marktgebiet m zum Zeitpunkt t
$soc^{CS}_{m,t}$	Jeweiliger Speicherstand der Solarstromspeicher im Marktgebiet m zum Zeitpunkt t (am Ende der Periode)

Abbildungsverzeichnis

Tabellenverzeichnis

1 Einleitung

Die vorliegende Arbeit befasst sich mit der Mehrfachvermarktung von Solarstromspeichern am Energiemarkt. Es wird untersucht, inwiefern Solarstromspeicher im Zeitverlauf freie Speicherkapazitäten aufweisen und wie diese freien Kapazitäten in einem Fundamentalmodell des Energiemarktes abgebildet werden können.

1.1 Ausgangslage und Problemstellung

Heute hat die ständige Verfügbarkeit von elektrischer Energie eine hohe volkswirtschaftliche Bedeutung. So korrelieren über lange Zeiträume betrachtet Bruttoinlandsprodukt und Stromverbrauch miteinander [Schw15]. Dabei hat sich die elektrische Energieversorgung in Europa in der letzten Dekade bedeutend gewandelt. Die Entwicklung geht von einer zentralen Erzeugung durch große Kraftwerke hin zu einer immer dezentral werdenden Erzeugung durch erneuerbare Energien. Bei starker Wind- oder Sonneneinstrahlung kann so in den unteren Netzen zeitweise mehr Energie erzeugt werden, als im gleichen Moment verbraucht wird. Der Energiefluss kehrt sich um und die ursprünglichen Verteilnetze werden zeitweise zu Einsammelnetzen.

Gleichzeitig sorgt der Prozess der Liberalisierung der Energiemärkte für eine Entflechtung von Erzeugung und Transport der Energie und schlussendlich für mehr Wettbewerb. Gerade die deutsche Energiewende bietet durch ihren enormen Fortschritt in den letzten Jahren, erkennbar an der installierten Leistung erneuerbarer Energien, die Chance für eine nachhaltige Energieversorgung. Sie weist aber auch bedeutende Herausforderungen beim Umbau des Energieversorgungssystems auf. In Elektrizitätssystemen muss die erzeugte Leistung in jedem Augenblick der nachgefragten Leistung entsprechen. Die Entwicklung von einer bedarfsgerechten Erzeugung zu einer dargebotsabhängigen Erzeugung wird sich weiter fortsetzen und so müssen zukünftig mehrere Komponenten des Energiesystems die dann notwendige Flexibilität bieten.

Eine wichtige Rolle in diesem Zusammenhang nehmen Speichertechnologien ein. Speicher können Zeiten einer Überversorgung mit erneuerbaren Energien und daraus resultierenden negativen Strompreisen kompensieren, indem sie zu diesen Zeiten die Nachfrage erhöhen und die überschüssige Energie einspeichern. Speicher können aber genauso zu Zeiten einer hohen Nachfrage und einem geringen Angebot an erneuerbaren Energien die Kosten des Gesamtsystems verringern, indem sie ihre gespeicherte Energie in das Stromnetz einspeisen und somit teurere Spitzenlastkraftwerke nicht in Betrieb genommen werden müssen.

Stand heute leiden jedoch viele konventionelle Speichertechnologien an einer mangelnden Wirtschaftlichkeit [StSt17]. Solarstromspeicher hingegen werden in zunehmender Anzahl installiert. Mitte 2018 waren bereits mehr als 100.000 Speicher installiert, eine Verdoppelung der Anzahl wird bis zum Jahr 2020 erwartet [Sola18]. Solarstromspeicher werden installiert, da sie für ihren primären Einsatzzweck, der

Eigenverbrauchsmaximierung wirtschaftlich zu betreiben sind. Eine optimale Lösung für das Gesamtsystem wäre es somit, wenn die freien Speicherkapazitäten am Energiemarkt genutzt werden können und somit dem Gesamtsystem ein Teil der benötigten Speicherkapazität zur Verfügung steht. Dieser Ansatz wird Mehrfachvermarktung genannt.

Bisher wurden die Potenziale und die Auswirkungen der Mehrfachvermarktung von Solarstromspeichern nicht umfassend untersucht. Diese Lücke im Stand der Forschung soll mit der vorliegenden Arbeit geschlossen werden.

1.2 Zielsetzung und Vorgehensweise

Die Untersuchungen innerhalb dieses Forschungsvorhabens sollen zeigen, welchen Einfluss die Mehrfachvermarktung von Solarstromspeichern auf das gesamte Energiesystem hat. Dafür soll ein Berechnungsmodell entwickelt werden, aus welchem die freien Speicherkapazitäten von Solarstromspeichern ableitbar sind. Weiter soll ein Marktmodell erstellt werden, welches eine Kraftwerks- und Speichereinsatzplanung nach den minimalsten Kosten durchführt.

Für eine Einordnung des Themas in den Stand der Forschung werden im zweiten Kapitel zuerst die Strommärkte analysiert, auf welchen eine Vermarktung der Solarstromspeicher stattfinden kann. Darauf aufbauend werden Flexibilitätsoptionen betrachtet, welche neben Speichern zukünftig denkbar sind. Anschließend werden verfügbare Speichertechnologien untersucht. Das Kapitel schließt mit einer Analyse des Forschungsstandes zu Simulationsmodellen von Energiemärkten.

Im dritten Kapitel wird ein Berechnungsmodell entworfen, welches die freie Speicherkapazität der Solarstromspeicher berechnet. Zuerst wird dafür die heutige Anzahl an Solarstromspeichern untersucht und anschließend eine Prognose zur zukünftigen Anzahl entworfen. Anschließend werden Speicherverläufe modelliert, aus welchen sich die verfügbaren Zeiten und Kapazitäten der Solarstromspeicher herleiten lassen. Die Einsatzmöglichkeiten der Mehrfachvermarktung werden aufgezeigt und bewertet.

Darauf aufbauend wird im vierten Kapitel ein Fundamentalmodell des Energiemarktes entwickelt, welches eine block- und technologiescharfe Ermittlung der Einsatzzeiten von Erzeugungs- und Speichereinheiten ermöglicht. Dafür wird zuerst ein Einblick in die gemischt-ganzzahlige Optimierung gegeben und folgend die mathematischen Grundlagen der Optimierung erläutert. Anschließend wird die mathematische Formulierung der thermischen Erzeugungsanlagen, der aggregierten Kraftwerke und der Speicheranlagen erläutert. Abschließend werden die Lösungsverfahren dargestellt, welche zur Ermittlung der Fahrpläne eingesetzt werden.

Im fünften Kapitel werden die mit dem Fundamentalmodell berechneten Ergebnisse analysiert. Dafür werden zuerst die Eingangsdaten für die Berechnungen hergeleitet und anschließend die berechneten Szenarien vorgestellt. Die Berechnungsergebnisse werden hinsichtlich der Auswirkungen des Speichereinsatzes auf den Energiemarkt untersucht.

Im sechsten Kapitel werden die getroffenen Annahmen und die berechneten Ergebnisse kritisch diskutiert. Im letzten Kapitel wird eine Zusammenfassung über das Vorgehen und alle gewonnenen Erkenntnisse gegeben.

2 Transformation des Energieversorgungssystems

Beim Handel von Strom bestehen aufgrund seiner technischen Eigenschaften Besonderheiten, welche die Organisation der Strommärkte bestimmen. Die wichtigste Besonderheit ist, dass Strom nur in geringen Mengen wirtschaftlich zu speichern ist [Diec08]. Elektrizität muss im gleichen Augenblick erzeugt werden, in welchem sie verbraucht wird. Bei einer schwankenden Nachfrage impliziert diese Forderung auch, dass neben Grund- und Mittellastkraftwerken auch Spitzenlastkraftwerke existieren müssen, welche nur zu wenigen Zeiten in Betrieb und dementsprechend teuer in der Produktion sind [Diec08, Lieb12].

2.1 Strommärkte

Grund-, Mittel- und Spitzenlastkraftwerke müssen an einem Strommarkt vermarktet werden. Der (deutsche) Strommarkt kann in einen Produktmarkt und einen Regelleistungsmarkt aufgeteilt werden, welche wiederrum in mehrere Teilmärkte untergliedert sind [Lieb12]. Auf dem Regelleistungsmarkt treten die Übertragungsnetzbetreiber als Nachfrager auf. Sie kaufen die vorgehaltene Regelleistung ein und rufen im Bedarfsfall die Leistung ab. Der Regelleistungsmarkt entspricht dabei der Marktform eines Monopsons, also ein Nachfrager (die vier deutschen Übertragungsnetzbetreiber gemeinsam) trifft auf mehrere Anbieter [Wils02]. Die Form des Regelleistungsmarktes wird aus diesem Grund von der Bundesnetzagentur in Festlegungsverfahren gestaltet und die Durchführung überwacht.

Der Handel des Gutes Strom auf dem Produktmarkt kann über außerbörsliche Geschäfte (Over-The-Counter (OTC)) oder über börslichen Handel durchgeführt werden. Der börsliche Handel teilt sich wiederrum in den Terminmarkt, den Day-Ahead-Markt und den Intraday-Markt auf. Der Vorteil des börslichen Handels gegenüber OTC-Geschäften ist, dass über das Clearing-Verfahren die Geschäfte abgesichert sind und somit nicht das Risiko eines Ausfalls des Handelspartners besteht [Grae14, StPH12]. Obwohl der OTC-Handel dennoch den Großteil des Handelsvolumens ausmacht, gilt der Spotmarkt auch als Preisgeber für den OTC-Handel. Wären die Preise unterschiedlich, so würden sich Arbitragemöglichkeiten ergeben [Diec08].

Eine Übersicht über die Chronologie der Handelsmöglichkeiten für die Teilnehmer der Märkte wird in Abbildung 1 gegeben. Die einzelnen Möglichkeiten werden in den folgenden Kapiteln ausführlicher erläutert.

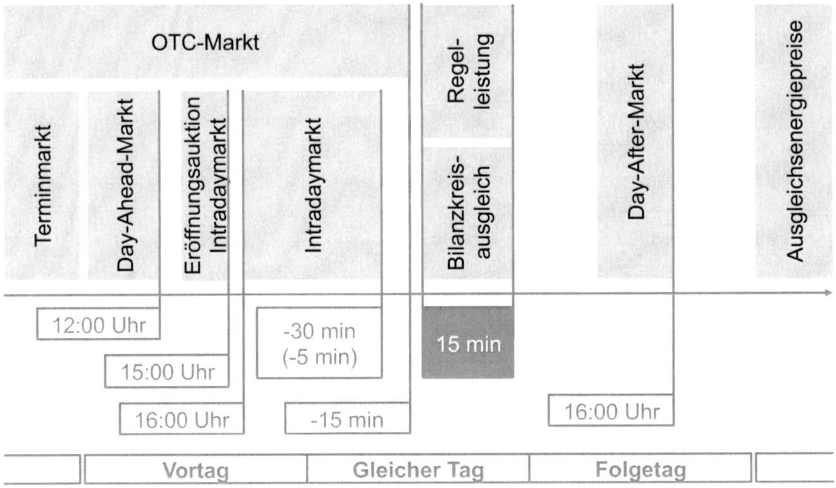

Abbildung 1: Chronologie des Portfolioausgleichs (Lieferzeitraum von 15 Minuten dunkel markiert)

2.1.1 Marktkopplung

Bei einem wettbewerblichen Großhandelsmarkt, so wie er in seiner heutigen Form nahezu existiert, kann davon ausgegangen werden, dass kurzfristig eine effiziente Allokation der Erzeugungsanlagen zum Stromverbrauch rein aufgrund der Grenzkosten der Stromgestehung stattfindet [PeDi15, Wawe09]. Der resultierende Strompreis enthält nicht nur Anreize für die kurzfristige Stromproduktion sondern auch Anreize für eine mittel- bis langfristige Anpassung des Erzeugungsmixes und bei Engpässen zum Netzausbau [BeSS17, Diec08].

In einem wettbewerblichen Großhandelsmarkt wird der Stromverbrauch durch die Erzeugungsanlagen mit den günstigsten Grenzkosten gedeckt. Ein größeres Marktgebiet führt dabei zu einer optimaleren Nutzung der Erzeugungsanlagen [Diec08, MVCB09]. Überkapazitäten werden verringert und die Versorgungssicherheit erhöht. Die wichtigste Voraussetzung für ein funktionierendes Marktgebiet sind ausreichende Übertragungskapazitäten, damit der Stromhandel zwischen zwei Gebieten nicht künstlich limitiert wird [Bött11]. Sind, so wie heute üblich, Engpässe vorhanden, dann ist die Versteigerung der Kapazitäten über eine implizite Auktion der beste Weg, um dem gesamtoptimalen Ergebnis am nächsten zu kommen [Bött11, MVCB09, Wawe09]. Eine implizite Auktion findet mit einem Tag Vorlauf vor Lieferung statt. So kurz vor Erfüllung sind auf Seiten der Auktionsteilnehmer bereits sehr genaue Informationen über die benötigten Kapazitäten vorhanden. Im Ergebnis führen Marktkopplungen mit begrenzten Kapazitäten dazu, dass sich die Preise an den jeweiligen Strombörsen annähern [BeSS17]. Bei einer kompletten Marktkopplung ohne Engpässe würden sich gleiche Preise ergeben.

Bei der Berechnung der verfügbaren Kapazität an den Kuppelstellen kann die NTC- oder die PDTF-Methode genutzt werden. Dabei bildet die PTDF-Methode die tatsächlichen, physikalischen Lastflüsse besser ab und kann zu einer besseren Ausnutzung der Kuppelkapazitäten führen [WaRe10].

Im Gebiet des Verbands europäischer Übertragungsnetzbetreiber (ENTSO-E) findet somit eine zunehmende Kopplung der Märkte statt. Die erste Marktkopplung besteht bereits seit 2010 mit der Region Zentralwesteuropa (CWE) [Bnet16]. Seit Februar 2014 besteht die Kopplung der Regionen Zentralwesteuropa und Nordeuropa (NWE Market Coupling). Im Mai des gleichen Jahres wurden die südwesteuropäischen Märkte und Anfang 2015 Italien integriert. So umfasst das Multi Regional Coupling (MRC) genannte Gebiet 85 % der europäischen Stromnachfrage. In Abbildung 2 werden die Teilnehmer der Marktkopplung blau eingefärbt.

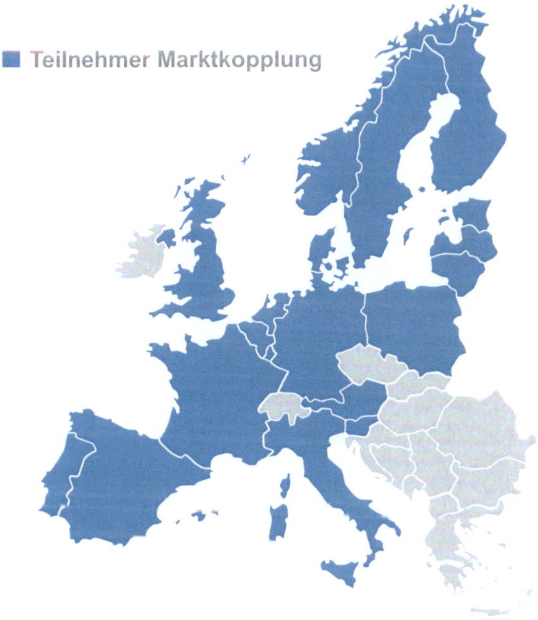

Abbildung 2: Teilnehmer Marktkopplung im vortägigen Handel (eigene Darstellung nach [Bnet16])

Trotz des Vorteils einer starken Marktkopplung wurde am 15. Mai 2017 bekannt gegeben, dass die gemeinsame Strompreiszone zwischen Deutschland und Österreich, welche seit 2002 bestand, am 01. Oktober 2018 getrennt wird und die beiden Strombörsen nur noch mit einer begrenzten Übertragungsleistung gekoppelt sind [Bnet17a]. Der Grund ist, dass die Grenzkuppelstellen zwischen Deutschland und Österreich nicht für hohe Handelsvolumina ausreichen. Insbesondere bei wind- und sonnenreichen Tagen kam es immer wieder zu Netzüberlastungen, welche durch Systemeingriffe seitens der Übertragungsnetzbetreiber stabilisiert werden mussten. Eine weitere Folge der nicht ausreichenden Interkonnektoren waren Ringflüsse, welche die Stromnetze der Nachbarländer Polen und Tschechien belastet haben ohne in diesen Ländern eine Handelsposition zu erfüllen. Ab dem Tag der Strompreiszonentrennung wird der Austausch zwischen Deutschland und Österreich auf 4.900 MW begrenzt. Durch diese aus netztechnischer Sicht notwendige Maßnahme wird seitens der Energiebörsen eine sinkendende Effizienz des Marktes erwartet [Eex17].

2.1.2 Terminmarkt

Der börsliche Handel von Termingeschäften findet an der EEX statt. Handelsteilnehmer nutzen Terminmärkte, um sich langfristig preislich abzusichern oder um auf Preisänderungen zu spekulieren [Diec08, Lieb12]. Das Handelsvolumen am Terminmarkt kann somit ein Vielfaches der Volumina am Day-Ahead-Markt sein, wo die physikalischen Leistungsflüsse abgebildet werden [Schw15]. Eine Absicherung ist momentan bis zu sechs Jahre vor Lieferung möglich [BeSS17].

Es können Forward- und Future-Kontrakte oder Optionen gehandelt werden. Bei einem Forward- bzw. Futurekontrakt verpflichten sich zwei Vertragspartner zu einem bestimmten Zeitpunkt eine vorher festgelegt Menge Strom zu einem bestimmten Preis zu kaufen bzw. zu verkaufen. Future-Kontrakte sind im Gegensatz zu Forward-Kontrakten standardisiert und werden an der Börse gehandelt. Zur Vereinfachung der Absicherung gibt es baseload-futures und peakload-futures, der Käufer kann so zwischen einer ganztägigen Lieferung und einer Lieferung zwischen acht Uhr morgens bis acht Uhr abends wählen. Peakload-futures werden für Wochentage einschließlich Feiertage gehandelt.

Es gibt sowohl Futures mit physischer Erfüllung (german-power-futures) als auch rein finanzielle Produkte (phelix-futures) [Grae14, Lieb12]. Bei einer Option erhält der Käufer der Option das Recht, aber nicht die Pflicht, innerhalb einer Frist eine bestimmte Menge Strom zu kaufen oder zu verkaufen. Der Verkäufer erhält dafür die Optionsprämie, welche sofort gezahlt werden muss.

2.1.3 Spotmarkt

Neben der langfristigen Absicherung am Terminmarkt gibt es Börsen für die kurzfristige Portfoliooptimierung. An der EPEX Spot oder der EXXA in Österreich werden Spotmarktgeschäfte über den börslichen Handel durchgeführt. Sie ermöglichen es den Handelsteilnehmern, physikalische Stromlieferungen für den Folgetag zu kaufen oder zu verkaufen. Die Gebote können für einzelne Stunden oder als Blockgebote für mehrere Stunden abgegeben werden [Lieb12]. Über Blockgebote können auch An- und Abfahrkosten abgebildet werden, indem diese auf den Grenzkostenpreis für die einzelnen Stunden aufgeschlagen werden. Die kleinste handelbare Einheit sind 0,1 MW [BeSS17]. Alle eingehenden Gebote werden im Orderbuch gespeichert und um 12 Uhr durch einen Optimierungsalgorithmus bestmöglich ausgeführt. Die Ergebnisse werden anschließend um 12:40 Uhr veröffentlicht. Dabei bildet sich ein Einheitspreis, welcher aus den kurzfristigen Grenzkosten der letzten bezuschlagten Erzeugungseinheit ermittelt wird. Werden alle kurzfristigen Grenzkosten dem Preis nach sortiert, so bildet sich die Merit-Order [Diec08, Grae14]. Entsprechend der Nachfrage, welche kurzfristig fast unelastisch ist, bildet sich der Einheitspreis (siehe Abbildung 3).

Die prognostizierte Erzeugung für den nächsten Tag aus erneuerbaren Energien wird nach § 1 AusglMechAV durch die Übertragungsnetzbetreiber am Day-Ahead-Markt angeboten. Dabei wird ein unlimitiertes Verkaufsgebot gesetzt, so dass die Stromerzeugung aus erneuerbaren Energien im Normalfall immer einen Zuschlag erhält [Lieb12]. In der Merit-Order werden die erneuerbaren Energien somit noch vor den restlichen Erzeugungseinheiten eingereiht.

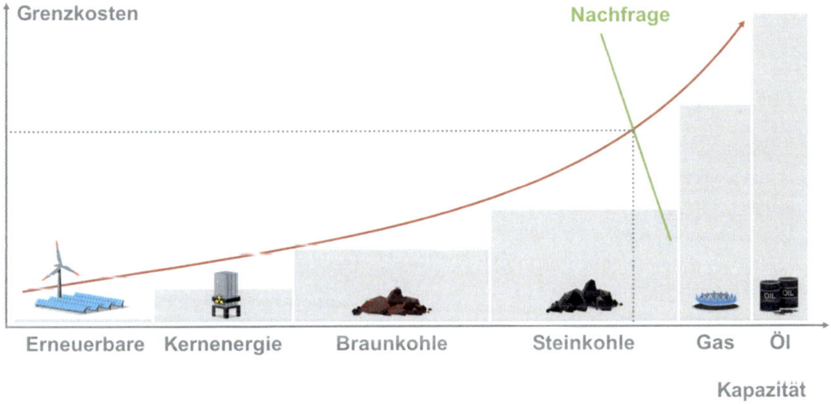

Abbildung 3: Stilisierte Merit-Order-Kurve

Am Intraday-Markt werden Strommengen mit Erfüllung des Kontraktes am gleichen Tag gehandelt. Im Gegensatz zum Day-Ahead-Markt wird nicht ein Einheitspreis gebildet, sondern die Marktteilnehmer haben die Möglichkeit Gebote für den Verkauf oder Kauf von Energie abzugeben. Ein Algorithmus vergleicht die Gebote im Orderbuch und führt ausführbare Gebote sofort aus. Somit handelt es sich um einen kontinuierlichen Handel.

Die prognostizierte Erzeugungsleistung von erneuerbaren Energien wird am Day-Ahead-Markt vermarktet. Durch den Vorlauf von 12 bis 36 Stunden vor physischer Lieferung bleibt immer eine Prognoseungenauigkeit. Die Prognoseabweichungen werden dann über den Intraday-Markt ausgeglichen. Weiterhin liefern konventionelle Stromerzeuger für eine Stunde eine nahezu konstante Leistung, so dass zu den Stundenwechseln die Erzeugungsanlagen mit einer hohen Gleichzeitigkeit ihre Einspeisung ändern [Weiß09]. Die Last hingegen ändert sich kontinuierlich. Bei einer steigenden Lastrampe sind so viele Bilanzkreise in den ersten zwei Viertelstunden überdeckt, in den restlichen beiden unterdeckt (siehe Abbildung 4, linker Graph). Bei einer sinkenden Lastrampe ist der Effekt genau andersherum (siehe Abbildung 4, rechter Graph). Der gleiche Effekt lässt sich bei der Vermarktung der Photovoltaik beobachten. Die prognostizierte Energie wird ebenfalls stundenweise am Day-Ahead-Markt verkauft, die Rampe der Einspeisung ist hingegen kontinuierlich.

Für die Vermarktung von Speichern bieten die Ungleichgewichte innerhalb einer Stunde ein hohes Erlöspotenzial [UnEn15]. Sind viele Bilanzkreise gleichzeitig über- oder unterdeckt, so kann Energie günstig eingespeichert und ausgespeichert werden.

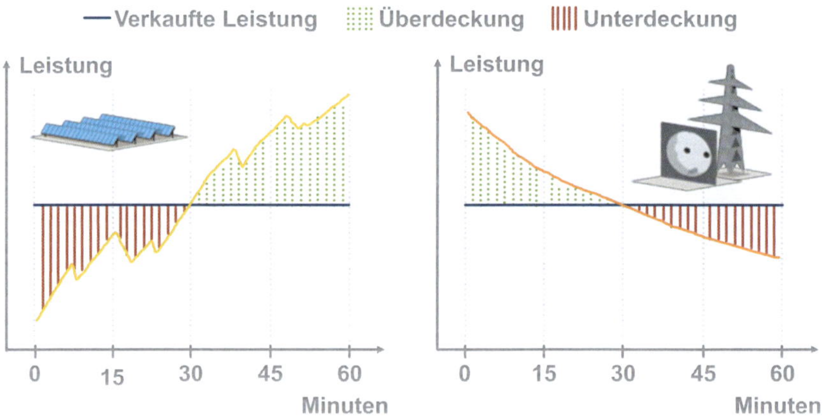

Abbildung 4: Systematische Über- und Unterdeckung von Bilanzkreisen bei stündlicher Portfoliooptimierung am Day-Ahead-Markt

Das Ziel, den Intraday-Markt immer besser an den kurzfristigen Bilanzkreisausgleich anzupassen, wird seit Jahren verfolgt. Die Vorlaufzeit zum Handelsschluss am Intraday-Markt wurde bereits am 29. März 2011 auf 45 Minuten reduziert. Im gleichen Jahr, am 14. Dezember 2011, wurde durch die Einführung von 15-Minuten-Kontrakten eine bessere Bewirtschaftung von Bilanzkreisen ermöglicht. Seit Dezember 2014 wird eine Eröffnungsauktion am Vortag um 15:00 Uhr durchgeführt. Das Ziel für die Einführung war, dass die Liquidität des Marktes erhöht wird und ein transparenter Eröffnungspreis geschaffen wird [BeSS17]. Die Ergebnisse der Eröffnungsauktion werden um ca. 15:10 Uhr veröffentlicht, bevor um 16:00 Uhr der kontinuierliche Intraday-Handel beginnt. Die bislang jüngste Anpassung vom 16. Juni 2015 hat die Vorlaufzeit für Intraday-Geschäfte weiter reduziert, so dass Handelsmöglichkeiten deutschlandweit am Spotmarkt bis zu 30 Minuten vor physikalischer Lieferung möglich sind. Innerhalb einer Kontrollzone sind seit 2017 Handelsmöglichkeiten bis zu 5 Minuten vor Lieferung möglich [Epex18]. Es wird deutlich, dass die Rahmenbedingungen der Handelsplattformen immer weiter auf kurzfristigere Handelsmöglichkeiten und den zunehmenden Flexibilitätsbedarf ausgerichtet werden.

2.1.4 Regelleistungsmarkt

Im täglichen Betrieb der Stromnetze können Abweichungen von der gehandelten und den Übertragungsnetzbetreibern angemeldeten Verbrauchs- oder Erzeugungsmenge auftreten. Die Abweichungen auf Seiten der Verbrauchsmenge kommen durch Prognosefehler auf Seiten der Einkäufer oder durch unvorhergesehene Ausfälle von großen Verbrauchseinheiten zustande [Schw15]. Auch Erzeugungseinheiten können unvorhergesehen ausfallen oder sind inhärent schwankend in ihrer Erzeugung, wie Energie aus Wind- oder Photovoltaikanlagen. Die Aufgabe des Regelleistungsmarktes ist es, die unvorhergesehenen Störungen während der physischen Lieferung auszugleichen [Lieb12].

Die Übertragungsnetzbetreiber sind nach § 13 EnWG zur Gewährleistung der Systemstabilität verpflichtet, sie besitzen jedoch keine eigenen Erzeugungsanlagen. So wird über eine öffentliche Ausschreibung der Kauf der benötigten Regelenergie organisiert [Schw15]. Bei der Regelleistung wird zwischen Primärregelleistung, Sekundärregelleistung und Minutenreserveleistung unterschieden (Tabelle 1).

Der Regelleistungsmarkt wird ständig weiterentwickelt. So sind die letzten Anpassungen der Ausschreibungsbedingungen für die Sekundärreserveleistung und Minutenreserveleistung aufgrund eines Festlegungsverfahrens der Beschlusskammer 6 der Bundesnetzagentur 2017 geändert worden [Bnet17b]. Als neueste Änderung wurden Ende Oktober 2018 die Präqualifikationsverfahren für Anbieter von Regelreserve angepasst [HATT18b] und die Erbringungsdauer für Primärregelleistung ab 01.07.2019 auf einen Tag verkürzt.

Tabelle 1: Ausschreibungscharakteristika für Regelleistung (Quelle der Daten: [HATT18a])

	Primärregelleistung	*Sekundärregelleistung*	*Minutenreserve*
Ausschreibungsdauer	Täglich	Täglich	Täglich
Ausschreibungstag	D-2	D-1	D-1
Zeitscheiben	Durchgehend	6 Zeitscheiben pro Tag in positiver und negativer Richtung	6 Zeitscheiben pro Tag in positiver und negativer Richtung
Vergütung	Leistungspreis	Leistungspreis und Arbeitspreis	Leistungspreis und Arbeitspreis
Abrufreihenfolge	Solidaritätsprinzip	Arbeitspreis	Arbeitspreis
Mindestangebotsgröße	1 MW	5 MW (zulässig ab 1 MW bei maximal ein Gebot)	5 MW
Angebotsinkrement	1 MW	1 MW	1 MW
Leistungsrichtung	symmetrisch	positiv oder negativ	positiv oder negativ
Gesamtbedarf (variiert)	ca. 1400 MW	ca. 1800 MW	Negativ ca. 400, Positiv ca. 600

Die Primärregelleistung wird bislang hauptsächlich durch konventionelle Erzeuger und seit einigen Jahren durch Batteriespeicher erbracht. Es gibt jedoch auch Ansätze, dass fluktuierende Erzeuger gedrosselt betrieben werden und so die Möglichkeit haben, Primärregelleistung zur Verfügung zu stellen [UnLE14].

Über eine gemeinsame Plattform[1] der Übertragungsnetzbetreiber wird die positive und negative Regelleistung ausgeschrieben. Es dürfen nur Anlagen teilnehmen, welche vorher eine sogenannte Präqualifikation durchlaufen haben. Seit 2015 gibt es das Präqualifikationsverfahren auch für Batteriespeicher [HATT15], so dass es inzwischen auch mehrere Anbieter gibt, welche ihre Batterien erfolgreich am Regelleistungsmarkt vermarkten. Die bezuschlagten Anbieter werden über einen anonymen Ausschreibungswettbewerb ermittelt.

Die Kosten für den Regelleistungseinsatz werden über den Ausgleichsenergiepreis auf die verursachenden Bilanzkreise umgelegt. Dabei werden nur die Kosten für den Abruf der Regeleistung umgelegt, die Kosten für die Vorhaltung werden über die

[1] www.regelleistung.net

Netznutzungsentgelte sozialisiert. Anbieter der Primärregelleistung werden nicht aktiv aufgerufen, sondern stellen ihre Leistungsregelung für die bezuschlagte Zeit durchgehend zur Verfügung.

Abbildung 5 stellt den Ablauf bei einer Frequenzabweichung dar. Bei einer Differenz zwischen Erzeugung und Verbrauch begrenzen die Momentanreserve und der Netzselbstregeleffekt die Geschwindigkeit der Frequenzänderung [Weiß09]. Die Abweichung der Frequenz von 50 Hz kann an jedem Netzanschlusspunkt gemessen werden. Die Abweichung wird durch alle an der Primärregelleistung teilnehmenden Anlagen im Verbundnetz nach dem Solidaritätsprinzip entgegengeregelt. Die vollständige Aktivierung der angebotenen Primärregelleistung muss innerhalb von 30 Sekunden erfolgen. Pro Störfall muss ein Zeitraum von 15 Minuten abgedeckt werden. Der dabei eingesetzte P-Regler kann die Frequenz jedoch nicht auf die Nennfrequenz von 50 Hz zurückführen. In der Regelzone, in welcher die Leistungsdifferenz aufgetreten ist, wird durch den Einsatz der Sekundär- und Minutenreserve das Leistungsgleichgewicht wiederhergestellt.

Abbildung 5: Einsatzreihenfolge der Regelleistung

Im Regelfall wird die Primärregelleistung pro Störfall nicht für die vollen 15 Minuten abgerufen, sondern so schnell wie möglich von der Sekundärregelung abgelöst. Anbieter von Sekundärregelleistung müssen ihre volle Leistung innerhalb von 5 Minuten bereitstellen können. Der Abruf erfolgt automatisch durch den betroffenen Übertragungsnetzbetreiber. Ebenfalls automatisch wird die Minutenreserve abgerufen, welche wiederrum die Sekundärregelleistung ablöst. Teilnehmende Anlagen müssen ihre volle Leistung innerhalb von 15 Minuten bereitstellen können. Bleibt eine Störung bestehen, so ist der Bilanzkreis verpflichtet seine Abweichung so schnell wie möglich über Handelsgeschäfte, zum Beispiel am Intraday-Markt, auszugleichen und damit die eingesetzte Minutenreserveleistung wieder abzulösen.

Die Teilnahme an der Sekundär- und Minutenreserveleistung wird für die Anbieter mit einem Leistungspreis für die Vorhaltung der Leistung und einem Arbeitspreis bei Abruf vergütet. Dabei erhält jeder Anbieter den Preis, den er geboten hat (Pay-as-Bid). Der Abruf erfolgt nach aufsteigendem Arbeitspreis. Trotz steigendem Anteil erneuerbarer Energien und somit höherer Fluktuation, zeichnet sich ein sinkender Trend bei der ausgeschriebenen Menge und den gebotenen Preisen bei der Regelleistung ab [BeSS17]. Das liegt an hauptsächlich an der Harmonisierung zwischen den Netzgebieten, verbesserten Prognosen und einer höheren Fahrplantreue der Bilanzkreise.

Die Abrechnung der Kosten für die Regelleistung finden über den regelzonenübergreifende einheitlichen Bilanzausgleichsenergiepreis (reBAP) statt. Im Falle einer Überdeckung des Netzregelverbundes wird für die Untergrenze des reBAP der durchschnittliche mengengewichtete Intraday-Spotmarktpreis als Untergrenze genommen [BeSS17]. Im Falle einer Unterdeckung bildet der Spotmarktpreis die Obergrenze. Wird in einer Viertelstunde mehr als 80 % der vorgehaltenen Regelleistung abgerufen, wird ein Zuschlag bei bei Überspeisungen und ein Abschlag bei Unterspeisungen von 50 %, mindestens jedoch 100 €/MWh, mit einberechnet.

Entspricht die Über- oder Unterdeckung eines Bilanzkreises der zu der Viertelstunde vorherrschenden Situation im Netzregelverbund, so muss der Ausgleichsenergiepreis bezahlt werden. Bei einer „netzfreundlichen“ Fahrplanabweichung ist die Zahlungsrichtung anders herum, dann bekommt der Bilanzkreis den Ausgleichsenergiepreis als Vergütung [UnEn15].

2.1.5 Bilanzkreise

Jeder Zählpunkt ist nicht nur einem Verbraucher oder Erzeuger zugeordnet, sondern auch einem Bilanzkreis. Ein Bilanzkreis ist somit die organisatorische Einheit zur Abrechnung dieser Zählpunkte, also eine Art virtuelles Energiemengenkonto der Summe aller Zählpunkte. Jeder Bilanzkreis hat einen Bilanzkreisverantwortlichen, welcher über einen Vertrag mit dem verantwortlichen Übertragungsnetzbetreiber verfügt. Innerhalb des Gebietes eines Übertragungsnetzbetreibers bilden alle Bilanzkreise zusammen die Regelzone. In Deutschland gibt es entsprechend den vier Übertragungsnetzbetreibern vier Regelzonen, alle Regelzonen gemeinsam bilden den Netzregelverbund.

Bilanzkreise spielen eine zentrale Rolle bei der Bilanzierung und Abrechnung von Energiemengen. Die rechtlichen Grundlagen dazu sind in § 5 StromNZV geregelt. Am Vortag vor tatsächlicher Erfüllung der Lieferung melden die Bilanzkreisverantwort-lichen ihre viertelstündlichen Fahrpläne bis 14:30 Uhr an den Netzbetreiber. Mit einem Vorlauf von 15 Minuten zu jeder Viertelstunde eines Tages können die Fahrpläne noch geändert werden. Das betrifft sowohl Fahrpläne innerhalb einer Regelzone als auch regelzonenübergreifende Fahrpläne. Regelzoneninterne Fahrplanänderungen können sogar noch bis 16 Uhr des auf den Erfüllungstag folgenden Werktages erfolgen. Der Handel von Energiemengen nach physikalischer Lieferung wird Day-After-Markt genannt und kann auf speziellen Handelsplattformen erfolgen[2]. Dabei werden die Abweichungen grundsätzlich zum Day-Ahead-Preis gehandelt [AFLW10]. Eine deutliche Nutzung findet dabei nicht statt [Lieb12].

Bis zum Jahr 2012 war es möglich, dass Marktteilnehmer auf einen im Vergleich zum Spotmarktpreis günstigeren Ausgleichsenergiepreis gewettet haben und ihren Bilanzkreis systematisch unterdeckt gefahren sind. Seit 2012 werden die Schwellenwerte des reBAP an den Intraday-Markt gekoppelt, somit besteht ein Anreiz seinen Bilanzkreis bereits über den Stromhandel auszugleichen. Als weitergehende Änderung wird vorgeschlagen, dass auch die Kosten für die Regelleistungsvorhaltung über den reBAP umgelegt werden, da nur so alle Kosten internalisiert werden können [BeSS17].

Untersuchungen für das Jahr 2009 haben gezeigt, dass der Ausgleichsenergiepreis in einer überdeckten Regelzone (was zu einem Einsatz von negativer Regelleistung führt) überwiegend unterhalb des Day-Ahead-Preises liegt [AFLW10]. In einer unterdeckten Regelzone mit einem Einsatz von positiver Regelleistung lag der Ausgleichsenergiepreis überwiegend oberhalb des Day-Ahead-Preises. Zusätzlich traten zu Stunden mit einer steigenden oder fallenden Lastflanke systematische Über- oder Unterdeckungen in den ersten Viertelstunden auf. Der Effekt führt dazu, dass es zu den Stundenwechseln einen systematischen Frequenzeinbruch gibt. Die Ungleichgewichte treten auf, wenn Bilanzkreisverantwortliche sich am Day-Ahead-Markt stundenweise eindecken, jedoch eine viertelstündliche Bewirtschaftung vernachlässigen. In einem Positionspapier sah die Bundesnetzagentur am 16. September 2013 einen dringenden Handlungsbedarf und führte weiter aus, dass eine aktive Bilanzkreisbewirtschaftung über die Teilnahme am Intraday-Markt gefordert ist [Bnet13].

Der Verursacher einer Bilanzkreisabweichung kann über eigene oder kontrahierte Erzeugungsanlagen die Leistung anpassen und so sein Ungleichgewicht minimieren oder beheben. Die Anpassung der Leistung ist auch über Verbraucher möglich, wobei hier der Handlungsspielraum im Allgemeinen geringer ist. Die Ausgleichsmaßnahmen müssen innerhalb der abrechnungsrelevanten Viertelstunde vorgenommen werden, damit der gemittelte Leistungswert über der Messperiode wieder dem angemeldeten Verbrauch entspricht.

Hat der verursachende Bilanzkreis keine Möglichkeit sein Ungleichgewicht zu beheben, so wird über die Übertragungsnetzbetreiber das Gleichgewicht über den Einsatz von Regelenergie wiederhergestellt. Die Übertragungsnetzbetreiber gleichen jedoch nicht die Abweichungen jedes Bilanzkreises einzeln, sondern nur die Summe der Abweichungen im Netzregelverbund aus. Einzelne Bilanzkreise gleichen sich somit teilweise in ihrer Über- oder Unterdeckung aus und nur die restliche Differenz wird durch den Einsatz von Regelleistung ausgeglichen [Lieb12]. Die auf die einzelnen

[2] Zum Beispiel auf der Handelsplattform der Spot-Ex GmbH.

Bilanzkreise entfallende Anteil der Regelenergie wird von den Übertragungsnetzbetreibern in Rechnung gestellt oder gutgeschrieben [Schw15].

Ist durch den Bilanzkreisverantwortlichen mindestens 30 Minuten vor Lieferzeitpunkt erkennbar, dass die physikalische Lieferung nicht dem Verbrauch entspricht, so kann über den Intraday-Markt Energie kurzfristig gehandelt werden. Zunehmend werden von Bilanzkreisen eine höhere Treue und ein direkter Ausgleich von Abweichungen auch während der Lieferung gefordert [Damm15, PeDi15].

2.2 Bereitstellung von Flexibilität im Stromnetz

Um das Stromversorgungssystem stabil betreiben zu können, besteht ein Bedarf an Flexibilität. In einem zukünftigen Stromversorgungssystem werden sich die Anforderungen an Flexibilität dabei noch weiter erhöhen [PeDi15]. Zur Deckung des Bedarfs sind die in Abbildung 6 dargestellten Flexibilitätsoptionen verfügbar. In der gesamten Kette von der Energieerzeugung, der Speicherung, dem Transport und dem Energieverbrauch können Flexibilitätsoptionen identifiziert werden. Die Beiträge der einzelnen Flexibilitätsoptionen haben unterschiedliche technische Ausprägungen. Sie unterscheiden sich in der Schnelligkeit der Leistungsbereitstellung, dem Zeitraum der Bereitstellung und ob nur positive Leistung oder negative Leistung oder beides zusammen geliefert werden kann [KrAB13].

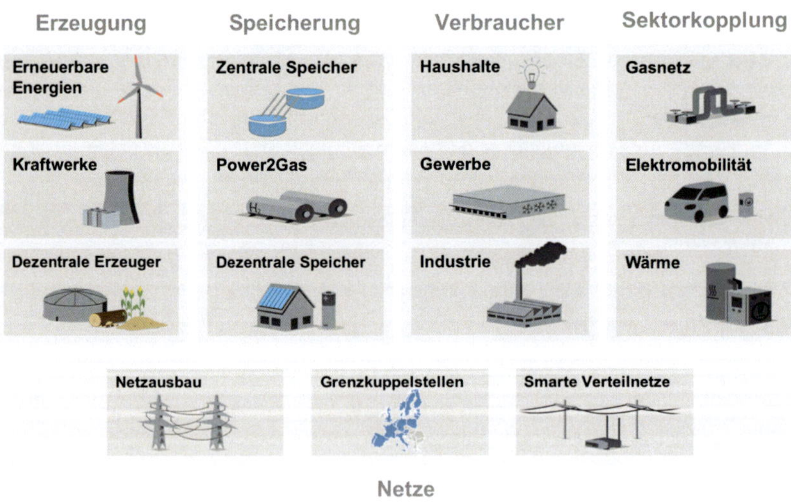

Abbildung 6: Bausteine heutiger und zukünftiger Flexibilität

2.2.1 Flexibilitätsbedarf

Die installierte Leistung aus erneuerbaren Energien ist in den letzten 20 Jahren stark gestiegen. So beträgt die Ende 2018 installierte gesamte Leistung aus erneuerbaren Energien knapp 120 GW (Abbildung 7). Photovoltaikanlagen mit einer kumulierten Leistung von 45 GW und Windkraftanlagen mit einer kumulierten Leistung von 58,9 GW machen dabei den größten Anteil der bis 2018 installierten Leistung aus. Beide Arten haben im betrachteten Zeitraum auch die größten Zubauraten aufgewiesen. Der Anteil an installierter Leistung aus Biomasse liegt dagegen nur bei 8,3 GW mit einem geringen jährlichen Zubau. Die installierte Leistung von Wasserkraftanlagen liegt bei 5,6 GW. Steigerungen sind bei Wasserkraft nicht mehr zu erwarten, da das Potenzial bereits nahezu ausgeschöpft ist [Heit10]. Geothermie ist die fünfte in Deutschland bereits genutzte Art erneuerbarer Energie, die gesamte installierte Leistung liegt jedoch bei gerade einmal 39 MW und wird entsprechend in Abbildung 7 vernachlässigt.

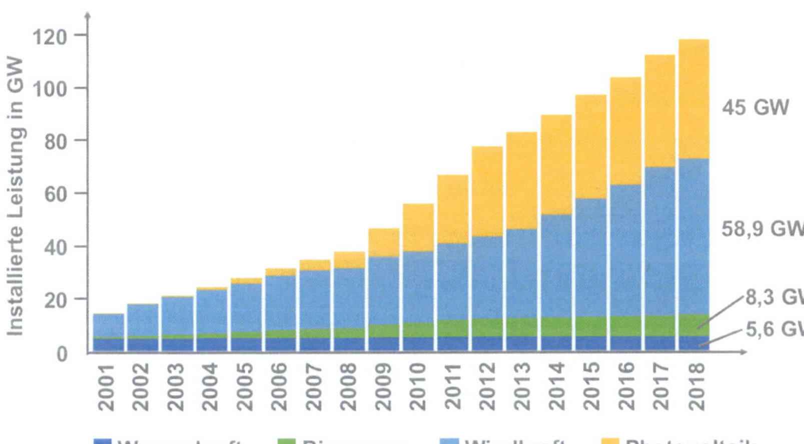

Abbildung 7: Installierte Leistung aus erneuerbaren Energien in Deutschland von 2001 bis 2018 (eigene Darstellung, Daten aus [Bmwi18a])

Photovoltaikanlagen und Windkraftanlagen machen Ende 2018 mit knapp 88 % an der installierten Gesamtleistung den größten Anteil aus. Beide Arten von Erzeugungsleistung sind jedoch fluktuativ und schwanken mit dem vorhandenen Angebot an Sonneneinstrahlung und Wind. So hatten Photovoltaikanlagen 941 Jahresvolllaststunden im Jahr 2017 und Windkraftanlagen (onshore) 1820 Jahresvolllaststunden (Tabelle 2). Maximal möglich sind 8760 Stunden, wenn eine Anlage mit voller Leistung ein Jahr betrieben wird. Bei Windkraftanlagen (offshore) war der Wert mit 3.690 Stunden deutlich höher, da auf dem Meer der Wind stärker und stetiger weht. Den höchsten Wert weisen Biomasseanlagen mit 5.758 Jahresvolllaststunden auf. Vergleicht man die Werte mit der höchsten und niedrigsten Anzahl der Jahre 2010 bis 2016, so weisen Wasserkraftanlagen mit einer Schwankung von 920 Stunden und Windkraftanlagen (onshore) mit einer Schwankung von 550 Stunden die höchsten Differenzen zwischen den Jahren auf.[3] Photovoltaikanlagen schwanken mit einer Differenz von 120 Stunden am geringsten im untersuchten Zeitraum. Zu beachten ist, dass selbst geringe Schwankungen bei hohen installierten Leistungen einen deutlichen Unterschied in der erzeugten Energie bedeuten.

Tabelle 2: Jahresvolllaststunden für erneuerbare Energien (Daten aus [Bdew18, Bmwi18a, Bmwi18b])

Erneuerbare Energie	*Erzeugte Energie 2017*	*Jahresvolllaststunden 2017*	*Jahresvolllaststunden 2010 bis 2016*
Wasserkraft	20,2 TWh	3.598 h	3.130 h bis 4.050 h
Geothermie	1,6 TWh	4.179 h	1.315 h bis 4.487 h
Biomasse	45,5 TWh	5.758 h	5.470 h bis 5.790 h
Windkraft (onshore)	88 TWh	1.820 h	1.430 h bis 1.800 h
Windkraft (offshore)	17,7 TWh	3.690 h	3.250 h bis 3.800 h
Photovoltaik	39,9 TWh	941 h	870 h bis 990 h

Die Schwankungen entstehen einmal durch unterschiedliche meteorologische Bedingungen in den Jahren und durch regional unterschiedlich starken Zubau über die Jahre. Windkraftanlagen weisen im Norden eine höhere Jahresvolllaststundenzahl auf als im Süden. Je nach Standort schwanken die Zahlen von 1.000 bis 3.000 Stunden pro Jahr [Babr15]. Bei Anlagen der Photovoltaik ist es hingegen anders herum, Anlagen im Süden weisen pro Jahr mehr Stunden auf als Anlagen im Norden [Heit10]. Darüber hinaus können an einem regionalen Standort die Werte aufgrund der baulichen Bedingungen schwanken. Bei Windkraftanlagen reduziert die Positionierung im Windschatten eines anderen Objektes die erzeugte Energie, bei Photovoltaik-Anlagen ändert sich die Anzahl der Jahresvolllaststunden mit der Beschattung der Fläche und der Ausrichtung der Anlage. Eine südliche Ausrichtung weist die höchste erzeugte Energie pro Jahr auf, jedoch auch eine hohe Gleichzeitigkeit der Energieerzeugung mit der Mehrzahl der angeschlossenen Anlagen [GePa15]. Somit wird es in Zukunft

[3] Geothermie weist mit 3172 Stunden eine noch höhere Schwankung auf, durch die geringe installierte Leistung haben jedoch kleine Änderungen in der Verfügbarkeit eine hohe Auswirkung auf das Gesamtergebnis.

Anlagen geben, welche eine Ausrichtung nach Osten oder Westen aufweisen, um von höheren Marktpreisen zu profitieren und dabei von den Betreibern eine geringere Jahresvolllaststundenzahl akzeptiert wird.

Erzeugen dargebotsabhängige erneuerbare Energien einen deutlichen Anteil an der nachgefragten elektrischen Energie, so ist auch die Residuallast zusätzlichen Schwankungen unterworfen. Die Residuallast bezeichnet den Anteil der nachgefragten elektrischen Leistung, welche in einem Moment nicht durch erneuerbare Erzeuger gedeckt wird und somit aus gesicherter Leistung, also konventionellen Kraftwerken und Speichern, gedeckt werden muss (Abbildung 8).

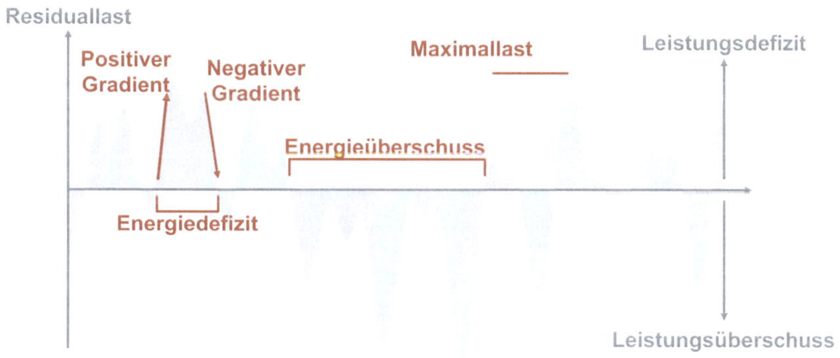

Abbildung 8: Zukünftiger Flexibilitätsbedarf zur Glättung der Residuallast (eigene Abbildung nach [KrAB13])

Es ergeben sich drei Extremsituationen der Residuallast:

- Hohe Residuallast: In Zeiten einer hohen Stromnachfrage und einer geringen Stromproduktion aus Photovoltaik und Windkraft („Dunkelflaute") muss genügend gesicherte Erzeugungskapazität vorhanden sein um den Strombedarf zu decken. Dabei muss zum einen genügend Erzeugungsleistung vorhanden sein, um die Maximallast zu decken als auch um das Energiedefizit über einen längeren Zeitraum ausgleichen zu können. Neben gesicherter Erzeugungsleistung können auch Stromverbraucher ihren Strombezug reduzieren oder verschieben.

- Niedrige Residuallast: Bei einer sehr hohen Stromerzeugung aus Photovoltaik- oder Windkraftanlagen und einer gleichzeitig niedrigen Stromnachfrage wird ein großer Teil der Stromnachfrage durch fluktuierende Erzeuger gedeckt werden. Ab dem Jahr 2020 werden Situationen erwartet, in denen die fluktuierende

Erzeugung den Stromverbrauch übersteigt und es zu längeren Zeiträumen mit einem Energieüberschuss kommt [PeDi15].

- Hohe Gradienten der Residuallast und Prognosefehler: Nicht nur die absolute Höhe der Residuallast sondern auch die zeitliche Änderung muss durch flexible Erzeugungsleistung ausgeglichen werden [KrAB13]. Es können zum einen positive Gradienten auftreten, wenn die Erzeugung aus erneuerbaren Energien plötzlich reduziert wird, zum Beispiel bei einem Sturm oder einer Sonnenfinsternis. Negative Gradienten treten auf, wenn die Erzeugungsleistung aus Erneuerbaren schnell steigt. Bereits bei einem Anteil von 50 % erneuerbaren Energien an der Stromerzeugung kann die benötigte Geschwindigkeit der Leistungsänderung auf -13 GW und +11 GW innerhalb von 15 Minuten steigen [HBSB10].

2.2.2 Flexibilitätsoptionen

Eine Flexibilitätsoption aus Abbildung 6 sind Stromspeicher. Stromspeicher haben einen positiven Effekt auf alle drei genannten Situationen der Residuallast. Sie können sowohl Energie in Überschusszeiten einspeichern als auch in Knappheitszeiten wieder zur Verfügung stellen. Die heute gängigsten Stromspeicher, Pumpspeicherkraftwerke und Batterien, haben darüber hinaus so geringe Reaktionszeiten, dass sie auch das Gesamtsystem bei hohen Gradienten oder Prognosefehler unterstützen können. Ein weiterer Vorteil ist, dass das geschätzte Potenzial zwar bei Pumpspeicherkraftwerken begrenzt ist, bei Batteriespeichern aber ein unbegrenzter Ausbau möglich ist [KrAB13]. Stromspeicher werden wegen ihrer Bedeutung für die vorliegende Arbeit ausführlich im nächsten Kapitel behandelt.

Es gibt neben Stromspeichern weitere Optionen, den festgestellten Flexibilitätsbedarf zu decken. Eine davon ist der Netzausbau. Das Stromnetz wird in zwei logische Bereiche, dem Übertragungsnetz und dem Verteilnetz, unterteilt. Beide Bereiche sind in mehrere Spannungsebenen unterteilt. Das Übertragungsnetz dient der Erzeugung großer Energiemengen und dem Transport der Energie über lange Strecken. Die üblichen Spannungsebenen sind 380 kV und 220 kV [Kons17]. Nach dem Transport wird die Energie über die Verteilnetze zu den Verbrauchern geliefert. Die regionale Verteilung erfolgt über die 110 kV-Netze, während die lokale Verteilung über die 20 kV oder 10 kV-Ebene und die 0,4 kV-Netze erfolgt. Mit dem zunehmenden Ausbau der erneuerbaren Energien verändert sich nun dieses jahrzehntelange Prinzip. Ein Großteil der erneuerbaren Erzeugungsanlagen ist in der Verteilnetzebene angeschlossen. Das notwendige Investitionsvolumen für den Ausbau der Verteilnetze wird bei 27,5 bis 42,5 Milliarden Euro bis zum Jahr 2030 gesehen [Dena12]. Dabei entfällt der größte Anteil mit 16,1 bis 26,3 Milliarden Euro auf die Hochspannungsebene.

Eine ausreichende Netzinfrastruktur auf Übertragungsnetzebene sorgt dafür, dass überregionale Ausgleichseffekte möglich sind. Die Ausgleichseffekte gewinnen insbesondere bei einer zunehmenden Größe des Marktgebietes an Bedeutung [PeDi15]. Bei einem größeren Marktgebiet können sich unterschiedliche Wettersituationen, Ausbaugrade von Photovoltaik- oder Windkraftanlagen und Verbrauchsgewohnheiten von Stromverbrauchern ausgleichen. Bereits die bestehende Netzinfrastruktur ermöglicht es, dass überregionale Effekte in erheblichen Umfang genutzt werden können. So stehen im Jahr 2015 Exportkapazitäten aus dem deutschen Übertragungsnetz von ca. 14 GW und Importkapazitäten von ca. 15 GW zur Verfügung [Acer15]. Bis zum Jahr 2030 sollen sich durch den Ausbau der Kuppelstellen die Kapazitäten auf 34,2 GW für den Export und 36,2 GW für den Import erhöhen [Ents18a]. Die Ausgleichsmöglichkeiten sind nicht nur international notwendig, sondern auch national beim Transport hoher Windstrommengen aus dem Norden in den Süden [Bnet15]. Neben dem Netzausbau über das Verlegen neuer Leitungen, kann auch die weitere Aufrüstung mit Mess- und Steuersystemen die Infrastruktur verstärken [WaHo17].

Eine weitere Flexibilitätsoption ist die Flexibilisierung von thermischen Kraftwerken. Kraftwerke reagieren nicht auf niedrige oder negative Strompreise mit einer Reduzierung der Leistung, wenn ein technisch erforderlicher „must run“ oder eine betriebsbedingten Erzeugung vorliegen [BETB17]. Die Ursache für einen technisch erforderlichen „must run“ ist, dass die konventionellen Kraftwerke am Netz bleiben müssen um Systemdienstleistungen (Spannungshaltung, Momentanreserve, Regelleistung) zu erbringen oder um für Redispatchmaßnahmen zur Verfügung zu stehen. Um den Fall der „must run“- Erzeugung zu verhindern, müssen zukünftig fluktuierende Erzeuger einen immer größeren Anteil an Systemdienstleistungen erbringen und Redispatch-Maßnahmen durch einen weiteren Netzausbau verringert werden.

Eine mangelnde Flexibilität bei einer betriebsbedingten Erzeugung kann in prozessbedingte und betriebswirtschaftliche Fahrweisen unterteilt werden [BETB17]. Eine technische Ursache wäre die Versorgung eines Wärmenetzes durch ein Kraftwerk mit Kraft-Wärme-Kopplung. Diese Anlagen müssen insbesondere im Winter durchfahren, um die Wärmeversorgung sicherstellen zu können [DKWS11]. Als Verbesserung kann das Verhältnis zwischen Wärme- und Stromerzeugung flexibilisiert werden oder durch Speicherung oder alternativen Bereitstellung von Wärme die Stromproduktion entkoppelt werden [PeDi15].

Modellbildungen von konventionellen Kraftwerken zeigen, dass eine flexiblere Betriebsweise technisch möglich ist [WaHo17]. So muss bei einer mangelnden Flexibilität oft eine betriebswirtschaftliche Ursache vermutet werden. Gründe dafür können auch in mangelnden Strukturen, Erfahrungen oder Personal liegen [BETB17]. Eine Flexibilisierung von technischer Seite über Retrofitmaßnahmen ist möglich und ermöglicht geringere An- und Abfahrzeiten, eine Verringerung der Kosten für An- und Abfahrvorgänge, höhere Leistungsgradienten und eine geringere Mindestlast [PeDi15].

Ein möglicher Nachteil bei der Bereitstellung von Flexibilität von konventionellen Kraftwerken ist, dass sie im Teillastbereich betrieben werden müssen, um ihre erzeugte Leistung bei Bedarf steigern zu können [Babr15]. Durch den Betrieb in Teillast sinkt der Wirkungsgrad des Kraftwerks, was zu höheren Kosten und einer höheren Emission von CO_2 führt.

Neben dem Retrofit bestehender Kraftwerke ist auch der Neubau von Erzeugungsanlagen eine Flexibilitätsoptionen. Insbesondere kleinere Erzeugungsanlagen wie Gasturbinen oder Motorkraftwerke können hochflexibel angesteuert werden [PeDi15]. Sie können aus dem Stillstand positive Minutenreserveleistung anbieten und somit auch einen technisch bedingten „must run" verringern. Genauso sind Netzersatzanlagen kleinere, flexible Erzeugungsanlagen, welche in Zukunft auch für die Bereitstellung von Spitzenleistung am Strommarkt genutzt werden können. Netzersatzanlagen versorgen bisher nur ein lokales Netz im Falle eines Stromausfalles. Davon abzugrenzen sind Systeme für eine unterbrechungsfreie Stromversorgung (USV), welche im Falle eines Stromausfalls die Zeit bis zum Anspringen der Netzersatzanlage überbrücken. Die Anzahl der Anlagen wird nicht zentral erfasst, Schätzungen in der Literatur reichen von einer Gesamtleistung zwischen 5 GW und 10 GW, in Einzelfällen mit Schätzungen bis 20 GW [PeDi15].

Neben den genannten Optionen des Netzausbaus und der Flexibilisierung der Erzeugerseite, ist auch auf der Seite der Verbraucher Flexibilitätspotenzial vorhanden. Lastmanagement (auch Demand Side Management genannt) kann von Industrien und Haushalten bereitgestellt werden. Es kann der Stromverbrauch von Zeiten einer geringen Einspeisung fluktuierender Erzeugung zu Zeiten einer hohen Einspeisung verschoben werden oder es wird auf Stromverbrauch verzichtet.

Nicht leistungsgemessene Verbraucher haben einen Tarif mit festen Bezugskosten und somit keinen Anreiz, ihren Verbrauch zu verschieben [Lieb12]. Größere Verbraucher bis hin zu Industrieunternehmen können jedoch durch Lastmanagement profitieren. Sie machen auch den größten Anteil am Stromverbrauch aus. Während Haushalte im Jahr 2015 für knapp 25 % des Stromverbrauchs verantwortlich waren, lag der Anteil bei Industrieunternehmen, Handel und Gewerbe bei gut 62 % [Bmwi18a].

Die Kosten des Lastverzichts variieren über einen Bereich von 300 €/MWh bis zu 25.000 €/MWh [PeDi15]. In Frage kommt Lastmanagement somit nur, wenn die Ersparnisse bei den Stromkosten die Opportunitätskosten übersteigen. Das ist nur bei sehr hohen Preisen an den Spotmärkten möglich. Ein weiteres Hemmnis ist, dass die Kosten für das Industrieunternehmen ex-post nicht genau bekannt sind [BeSS17]. Das spiegelt sich auch in der geringen Anzahl an kontrahierten Unternehmen im Rahmen der Verordnung über die Vereinbarung zu abschaltbaren Lasten (AbLaV) wieder. Im Jahre 2017 waren nur zwei Rahmenverträge für sofort abschaltbare Lasten und fünf Rahmenverträge für schnell abschaltbare Lasten abgeschlossen [BeSS17]. Andere Studien kommen auf ein hohes Potenzial für Lastmanagement von bis zu 10 GW mit einem jährlichen Erschließungsaufwand von weniger als 12.000 €/MW [Steu17].

Insbesondere bei der Bereitstellung von Reserveleistung und beim Bilanzkreisausgleich kann Lastmanagement einen nennenswerten Beitrag leisten.

Setzt sich die Mobilitätswende durch und steigt der Anteil an Elektroautos weiter an, so bieten diese ein hohes Potenzial an verschiebbaren Lasten [WaHo17]. Für gewöhnlich laden Besitzer ihre Autos über mehrere Stunden, so dass ein intelligentes Lademanagement die Bedürfnisse des Besitzers und die Notwendigkeiten der Netzstabilität in Einklang bringen kann.

2.3 Stromspeicher

Elektrische Energie kann nur in Kondensatoren oder in Spulen direkt gespeichert werden. Beide Anwendungen sind jedoch auf eine geringe Energiemenge beschränkt [StSt17]. Bei der Speicherung von Energiemengen im kWh bis MWh-Bereich wird elektrische Energie in Lageenergie, kinetische Energie oder chemische Energie umgewandelt und so gespeichert [PeDi15]. Ein Überblick über die verfügbaren Speichertechnologien gibt Abbildung 9.

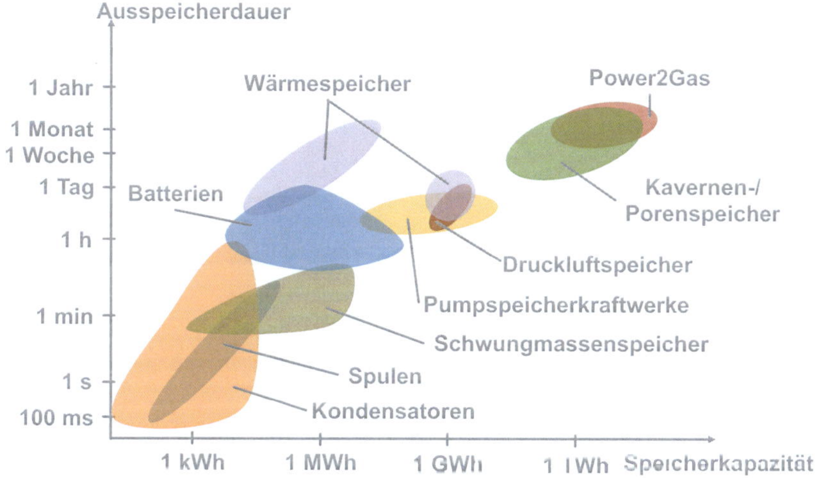

Abbildung 9: Vergleich von Speicherarten hinsichtlich Ausspeicherdauer und Speicherkapazität in einem Streudiagramm (eigene Darstellung nach [StSt17])

Pumpspeicherkraftwerke und Batteriespeicher können die gleichen Systemdienstleistungen erbringen. Sie weisen jedoch Unterschiede hinsichtlich ihrer Installationskosten und ihrer Umweltauswirkungen auf. Bei Pumpspeicherkraftwerken berechnen sich die

Investitionen aus ca. 1.000 €/kW und zwischen wenigen Euro bis 50 €/kWh [Ffe14, MoRS14]. Bei Batteriespeichern sind die Kosten insbesondere durch günstigere Zellpreise in den letzten Jahren gesunken. Kostete ein Projekt 2014 noch 1.110 €/kWh, so sank der Preis 2016 auf 710 €/kWh [FZBS16].

Wie aus Abbildung 9 auch ersichtlich wird, können Batteriespeicher keine großen Energiemengen mittel- bis langfristig speichern. Pumpspeicherkraftwerke sind dafür ebenfalls nur bedingt gut geeignet, im Vergleich zu Batteriespeichern haben sie jedoch deutlich günstigere Investitionskosten pro kWh [ITHV17]. Beide Speichertypen werden bisher hauptsächlich für stunden- oder tageweise Optimierungen eingesetzt. Auf kurzfristige Speicher wird auch in der vorliegenden Arbeit der Fokus gelegt. Darüber hinaus werden für den langfristigen Ausgleich der Fluktuation von erneuerbaren Energien Speicher benötigt, welche über einen langen Zeitraum (Monate bis ein Jahr) Energie aufnehmen und wieder abgeben können [Popp10]. Dafür kommen nach heutigem Stand nur Power2Gas und Kavernen bzw. Porenspeicher in Frage.

2.3.1 Pumpspeicherkraftwerke

Pumpspeicherkraftwerke sind eine bewährte Technologie zur Speicherung von elektrischer Energie. Sie stellen in den meisten Versorgungssystemen bisher die einzige technische und wirtschaftliche Speicherung von elektrischer Energie im großen Maßstab dar [BEHM13, Schw15]. Pumpspeicherkraftwerke werden im Wälzbetrieb gefahren [Cras17, Stef11]. Das heißt, in Zeiten niedriger Strompreise wird Wasser aus einem Unterbecken in ein höher gelegenes Reservoir gepumpt. Die potenzielle Energie des Wassers kann bei Bedarf über Turbinen wieder in elektrische Energie umgewandelt werden. Die meisten Pumpspeicherkraftwerke haben getrennte Pumpen- und Turbinensätze, so wird bei der Auflistung der Pumpspeicherkraftwerke in Deutschland auch die Ein- und Ausspeiseleistung getrennt dargestellt (siehe Tabelle A1 im Anhang).

Ein getrennter Pump- und Turbinensatz ermöglicht weiterhin, dass das Pumpspeicherkraftwerk im hydraulischen Kurzschluss gefahren werden kann. Der Pumpensatz kann üblicherweise nicht geregelt werden und läuft mit konstanter Leistung [StSt17]. Durch die Drosselklappen der Turbine kann die Wasserzufuhr zur Turbine und somit die Last an der Generatorwelle geregelt werden. Der Leistungsbedarf der Pumpen wird so teilweise kompensiert und das Wasser im hydraulischen Kurzschluss teilweise im Kreis gepumpt. Beispielsweise verbrauchen Pumpen 150 MW, während die Turbine 50 MW erzeugt. Die resultierende Leistungsaufnahme aus dem Netz beträgt so 100 MW. Durch dieses Vorgehen ist eine sehr genaue Regelung der Leistungsaufnahme aus dem Netz möglich und damit eine Teilnahme an der Primärregelleistung. Sind die Preise für die Primärregelleistungserbringung hoch genug um auch die Wirkleistungsverluste der Pumpen und des restlichen Systems zu kompensieren, macht dieses Verfahren auch betriebswirtschaftlich Sinn.

Seit Jahrzehnten waren die Zeiten niedriger Strompreise gleichzeitig auch Schwachlastzeiten. Dem normalen Tagesverlauf der Verbrauchslast folgend, haben die Pumpspeicherkraftwerke so nachts elektrische Energie gespeichert und am Tag wieder eingespeist. Durch die zunehmende fluktuierende Erzeugung hat sich jedoch auch das Betriebsmodell der Pumpspeicherkraftwerke gewandelt. Niedrige Strompreise liegen insbesondere bei einer hohen Wind- oder Sonneneinspeisung vor. Es gibt Zeiten, in denen Pumpspeicherkraftwerke inzwischen auch mehrere Wälzzyklen pro Tag fahren. An sonnenreichen Tagen ist die ehemals hochpreisige Zeit um den Mittag herum zur günstigsten Preiszone geworden.

Der Vorteil von Pumpspeicherkraftwerken ist ihr Beitrag zur Systemsicherheit, der hohe Gesamtwirkungsgrad von bis zu 80 % und die schnelle Anfahr- und Reaktionszeit [BEHM13, MoRS14, Popp10, Schw15]. Der Gesamtwirkungsgrad setzt sich aus dem Wirkungsgrad der Pumpen und der Turbine zusammen. Die meisten Anlagen können innerhalb von ein bis drei Minuten an- und abfahren. Das Pumpspeicherkraftwerk Goldisthal benötigt so beispielsweise vom Stillstand bis zum Betrieb der Turbinen nur 75 Sekunden [StSt17]. Hinsichtlich der Systemsicherheit sind Pumpspeicherkraftwerke einer der wenigen Erzeugungsanlagen, welche schwarzstartfähig sind und so das Stromnetz nach einem Blackout wiederaufbauen können.

Obwohl Pumpspeicherkraftwerke eine bewährte Technologie sind und ein Speicherbedarf in der Zukunft gesehen wird, gibt es keinen Fortschritt bei Neubauprojekten. Es sind zwar mehrere Projekte in Planung, je nach Studie und Erscheinungsjahr wird eine Leistung von 4,7 GW [Stef11] oder eine Speicherkapazität von 40,6 GWh [Wd17] angegeben, jedoch wurde seit 2003 keine neue Anlage mehr in Betrieb genommen. Eines der in den letzten Jahren größten geplanten Pumpspeicherkraftwerke, ein Projekt der Schluchseewerk AG in Atdorf mit einer Leistung von 1,4 GW, wurde nicht weiter verfolgt [Enbw17]. Gründe für die fehlenden Neuprojekte sind eine fehlende wirtschaftliche Perspektive [Nord18, StSt17] und der starke regionale Widerstand [ITHV17, Popp10]. Weiterhin benötigen sie besondere geologische Gegebenheiten mit einem Höhenunterschied, so dass sie nicht überall zu installieren sind. Das gesamte geschätzte Ausbaupotenzial liegt langfristig bei bis zu 2 TWh Speicherkapazität [KrAB13].

2.3.2 Chemische Speicher

Die elektrochemische Speicherung von elektrischer Energie erfolgt in Batterien. Neben Lithium-Ionen-Speichern sind auch Blei-Säure, Natrium-Schwefel und Redox-Flow-Batterien (mit externem Speicher) gängige Technologien [PeDi15]. Tabelle 3 zeigt den Vergleich der gängigsten Technologien chemischer Speicherung.

Tabelle 3: Stärken und Schwächen der gängigsten Technologien für chemische Speicher (abgeleitet aus [ABBB15, StSt17])

Technologie	Stärken	Schwächen
Lithium-Ionen	Höchste Energiedichte und Wirkungsgrad	Thermisches Durchgehen (Brand) möglich
	Kostensenkung in den letzten Jahren	(Noch) hohe Kosten
	Entwicklung neuer Aktivmaterialien führt zu verbesserter Technologie	Aufwendiges Batteriemanagement und Zellüberwachung
	An jedem Standort nutzbar	Lithium als kritischer Rohstoff
Blei-Säure	Etablierte und ausgereifte Technologie (seit 150 Jahren im Einsatz)	Entwicklung und Preise stagnieren
	Kostengünstiges Gesamtsystem, geringe Materialkosten	Lüftung des Batterieraumes notwendig
	Hohe Sicherheit	Begrenzte Zyklenlebensdauer (insbesondere bei tiefen Entladezyklen)
	Für Stationäre Anwendungen akzeptable Energie- und Leistungsdichte	Blei als kritischer Rohstoff
Natrium-Schwefel	Hohe Energiedichte, hohe kalendarische und zyklische Lebensdauer	Brandgefahr und Gefahr aufgrund hoher Temperaturen (ca. 300 °C)
	Erfahrung mit stationären Anlagen vorhanden	Hochtemperatur-Batterie, dadurch hoher Aufwand für Temperaturmanagement
	Günstige Rohstoffe (Natrium und Schwefel)	Hohe Selbstentladung bei längeren Stillstandszeiten (durch externe Wärmezuführung)
	Keine lokalen Voraussetzungen	Wenige Hersteller
Redox-Flow	Externer Speicher, dadurch Energie und Leistungsunabhängig voneinander dimensionierbar	Geringe Energiedichte
	Hohe Zyklenlebensdauer	Wartungsaufwand und Stromverbrauch für mechanische Teile (Pumpen)
	Kein Engpass hinsichtlich Ressourcen	Säurehaltige Flüssigkeiten, dadurch Leckagen möglich und schwierige Genehmigungen
	Zukünftig Wirkungsgrade bis zu 90 % und Kostensenkungen möglich	Kaum nennenswerte Marktanteile

Bewertet man die Vorteile jeder Technologie, so ergibt sich, dass Lithium-Ionen-Speicher die vielfältigsten Einsatzmöglichkeiten bieten. So ist es nicht verwunderlich, dass diese Technologie sowohl in Handy- oder Laptop-Akkus genutzt wird, als auch in Elektroautos und stationären Großspeichern [ABBB15]. Sie können Lastspitzen ausgleichen und Systemdienstleistungen erbringen [ITHV17, StSt17]. Der große Vorteil ist ihre Skalierbarkeit und Flexibilität hinsichtlich der Aufstellung. Lithium-Ionen-Speicher sind unauffällig in Hallen oder Haushalten zu installieren und haben keine regionalen Umweltauswirkungen [ITHV17].

Der Vorteil von Lithium-Ionen-Speichern liegt in einem hohen Wirkungsgrad von über 90 %, einer Lademöglichkeit unabhängig vom Memory Effekt und einer langsamen Alterung [FZBS16]. Für die Zellen eines von der Younicos AG und des Stadtwerks WEMAG betriebenen Lithium-Ionen-Speichers wird eine Lebensdauer von 20 Jahren erwartet [StSt17]. Zu beachten ist, dass eine so lange Lebensdauer auch dadurch erreicht wird, dass die Betriebsweise zur Vorhaltung von Primärregelleistung sehr speicherschonend ist [UnLE14].

Lithium-Ionen-Speicher sind über eine Leistungselektronik an das Stromnetz angeschlossen, welche sehr schnell die Leistung in allen vier Quadranten einstellen kann. Es bietet sich somit an, die Flexibilität bei der Leistungsänderung zu nutzen und Speicher am Regelleistungsmarkt zu vermarkten. Dabei kommt insbesondere der Markt für Primärregelleistung in Betracht, da sich die erbrachte positive und negative Regelleistung im Mittel ausgleichen und der Speicherstand so gehalten werden kann [MeCO09, TKSS13, UnLE14]. Wirkleistungsverluste müssen darüber hinaus ausgeglichen werden, so dass regelmäßige Fahrplangeschäfte eingeplant werden müssen um den Speicher immer auf seinem gewünschten Speicherstand zu halten.

Es gibt bereits mehrere Anbieter, welche erfolgreich die Präqualifikation für Primärregelleistung durchlaufen haben und ihre Speicher vermarkten. Der erste Anbieter dieser Art ist die Firma Younicos, welche seit Ende 2012 einen Natrium-Schwefel-Speicher an der Primärregelleistung teilnehmen lässt [Youn13]. 2017 betrug die Leistung von Speichern an der Primärregelleistung bereits über 187 MW, davon waren 160 MW Lithium-Ionen-Batterien [FZMB17]. Seit 2015 ist auch der erste Anbieter präqualifiziert, welcher mit virtuell zusammengeschlossenen Solarstromspeichern an der Primärregelleistung teilnimmt [SPBG17].

2.3.3 Einsatzzweck und Bedarf an zukünftiger Speichertechnologie

Dezentrale und zentrale Speicher können netzdienliche Aufgaben übernehmen, am Strommarkt vermarktet werden oder zur Optimierung des Eigenverbrauchs genutzt werden. Je mehr der drei Aufgabenfelder durch einen Speicher übernommen werden können, desto besser ist die Wirtschaftlichkeit [StSt17]. Der zusätzliche Bedarf an Kurzzeitspeichern liegt bis zum Jahr 2050 zwischen 5,5 GW und 8,8 GW und der Bedarf an Langzeitspeichern zwischen 12 GW und 17 GW [Heff15]. Die heutige

Herausforderung dabei ist, dass sich das Aufgabenfeld von dezentralen Speichern, überwiegend Solarstromspeicher, auf den Eigenverbrauch beschränkt. Das Aufgabenfeld von zentralen Speichern, überwiegend Pumpspeicher, ist hingegen, primär am Strommarkt vermarktet zu werden.

Die in den letzten Dekaden primäre Aufgabe von Speichern ist das Arbitragegeschäft gewesen. In Zeiten günstiger Strompreise wird Energie eingekauft und zu Zeiten hoher Strompreise verkauft. Der dabei entstehende Spread, also die Differenz aus Verkaufspreis minus Einkaufspreis, ist der Deckungsbeitrag für den Speicherbetreiber. Der Deckungsbeitrag muss mindestens die fixen und variablen Betriebskosten, die Umwandlungsverluste und Verluste durch Selbstentladung decken, damit der Speicher wirtschaftlich betrieben werden kann. Die absolute Höhe ist beim Arbitragegeschäft nicht relevant, es zählt nur die Preisdifferenz. Speicheranbieter profitieren so von besonders starken Preisunterschieden und volatilen Strompreisen. In den letzten Jahren ist jedoch der Spread kontinuierlich gesunken, so dass selbst Betreiber von abgeschriebenen Pumpspeicherkraftwerken nicht mehr wirtschaftlich arbeiten können [StSt17].

Mit dem steigenden Zubau an erneuerbaren Energien wird erwartet, dass es wieder zu stärkeren Preisdifferenzen und somit zukünftig wieder besseren wirtschaftlichen Aussichten für Stromspeicher kommt [Ehle11]. Der Grundlastanteil wird reduziert was sich in einer Steigung der Jahresdauerlinie abzeichnet. In Abbildung 10 wird im linken Graph die Jahresdauerlinie der Residuallast für den Fall einer 40 prozentigen und im rechten Graph einer 80 prozentigen Versorgung mit erneuerbaren Energien dargestellt. Die rote Linie zeigt den Verlauf ohne und die graue Linie mit zusätzlicher Speicherkapazität. Der Einsatz von Speichern sorgt dafür, dass sich die Zeiten der Spitzenlast und der Überkapazitäten verringern.

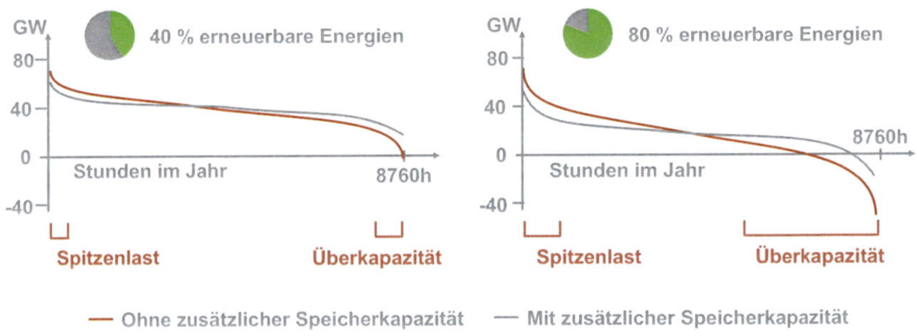

Abbildung 10: Jahresdauerlinie der Residuallast ohne und mit zusätzlicher Speicherkapazität

Der für das Gesamtsystem positive Effekt führt jedoch zu einer sinkenden Wirtschaftlichkeit der Speicher selbst. Indem zu Spitzenlastzeiten Energie verkauft wird, werden nach dem Merit-Order-Modell (siehe Abbildung 3) die teuersten Kraftwerke zu diesen Zeitpunkten aus dem Markt verdrängt und der Strompreis sinkt. Genauso wird zu Zeiten der Überkapazität durch die Einspeicherung eine zusätzliche Nachfrage generiert, welche den Strompreis steigen lässt. Diese beiden Effekte führen zu einem Abflachen der Jahresdauerlinie (graue Linie). Sinkender Strompreis zu Spitzenlastzeiten und steigender Strompreis bei Überkapazitäten führen mit steigender Speicherkapazität zu einem Kannibalisierungseffekt bestehender Kapazitäten. Im Endeffekt wird sich ein Gleichgewichtspreis ergeben, zu dem eine Neuinstallation von Speichern rein zum Arbitragegeschäft nicht mehr wirtschaftlich ist. Somit ist der systemdienliche Bedarf an Speicherkapazitäten zum wirtschaftlich möglichen Bedarf an Speichern abzugrenzen.

2.4 Modelle von Energiemärkten

Die Modellierung von Energiemärkten hat ihren Ursprung zur Zeit der Ölkrisen. Für viele Länder wurde es essentiell, eine Abschätzung über zukünftige Entwicklungen zu erhalten. In der vorliegenden Arbeit wird ein Modell des Energiemarktes genutzt, um die Auswirkungen der Mehrfachvermarktung von Solarstromspeichern zu berechnen.

2.4.1 Modellmöglichkeiten

Modelle, welche die Entwicklung von Energiemärkten beschreiben, lassen sich in makroökonomische, ökonomisch-technische und spieltheoretische Modelle einteilen [Paul09]. Die Aufteilung wird in Abbildung 11 gezeigt. Jedes dieser Modelle lässt sich nach Modellierungsansatz oder nach Zeithorizont (kurz- oder langfristig) weiter unterteilen [Möst06].

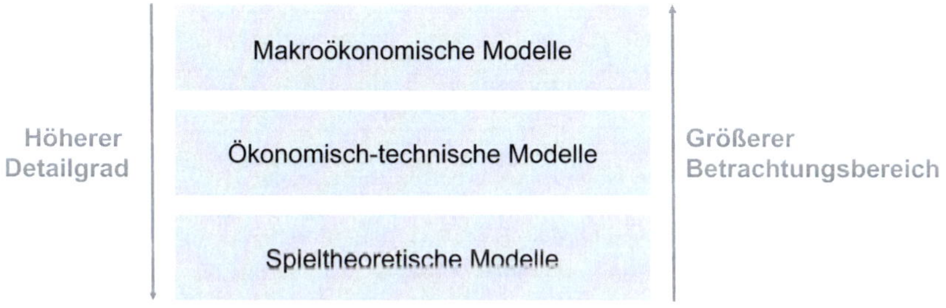

Abbildung 11: Klassifizierung von Modellen zur Entwicklung von Energiemärkten (eigene Darstellung nach [Paul09])

Makroökonomische Modelle werden genutzt, um fundamentale Markteigenschaften und ihre Abhängigkeit von Randbedingungen zu beschreiben [Paul09]. Sie geben dagegen keine Auskunft über das Verhalten einzelner Akteure oder den Wechselwirkungen innerhalb eines Marktes. Eingesetzt werden sie, um die Entwicklung von Primärenergieträgern oder von aggregierten Erzeugungseinheiten des Kraftwerkparks zu beschreiben. Technische Randbedingungen von Kraftwerken können nur implizit berücksichtigt werden.

Ökonomisch-technische Modelle werden für einen höheren Detailgrad und kleinerem Betrachtungsbereich als makroökonomische Modelle verwendet. So werden einzelne Märkte abgebildet und das Verhalten einzelner Akteure kann bestimmt werden. Es sind Untersuchungen zu den Wechselwirkungen zwischen den Akteuren bei neuen Wettbewerbssituationen oder technischen und ökonomischen Veränderungen der Randparameter möglich. Für die Entwicklung von Elektrizitätsmärkten spielt diese Modellklasse eine besondere Bedeutung, da die technischen Restriktionen der Erzeugungseinheiten mit abgebildet werden [Möst06]. Der Betrachtungsbereich wird dadurch begrenzt, dass für alle Erzeuger Daten bereitgestellt werden müssen, was mit einem hohen Aufwand verbunden ist.

Während bei den beiden bisher genannten Modellklassen das Verhalten einzelner Akteure oder Gruppen über Annahmen abgebildet wird, wird bei spieltheoretischen Modellen das Verhalten und der Nutzen nur einzelner Akteure untersucht [Heit10]. Die Grundannahme ist, dass jeder Akteur seinen Gewinn maximiert [Möst06]. Der Aufwand für die Erstellung eines solchen Modells ist sehr hoch, da die Beschreibung des Nutzens eines Akteurs und die Wechselwirkungen mit anderen Eingangsparametern schwierig ist [Heit10]. Somit werden spieltheoretische Modelle hauptsächlich eingesetzt, um das Verhalten zweier Akteure untereinander oder das Verhalten eines einzelnen Akteurs bei wechselnden Marktbedingungen zu untersuchen.

2.4.2 Bestehende Forschungen zu linearen Fundamentalmodellen

Bei einem Fundamentalmodell wird davon ausgegangen, dass die Allokation der Kraftwerke und damit der Marktpreis durch fundamentale Faktoren und nicht durch eine Psychologie des Marktes bestimmt wird [Möst06]. Eine Integration von Strategien in ein Fundamentalmodell führt sogar zu einer schlechteren Abbildung der tatsächlichen Situation [Mirb09]. Bei Fundamentalmodellen kommen meist optimierende Modelle zum Einsatz [Möst06]. Die Allokation der Kraftwerke findet unter Berücksichtigung der Nachfrage, der Erzeuger und der technischen Restriktionen statt.

Fundamentalmodelle der Energiemärkte benötigen eine Vielzahl von Informationen, um die individuellen Grenzkosten der Kraftwerke abbilden zu können. Lange Zeit war der Hinderungsgrund an der Erstellung eines Fundamentalmodells die mangelnde öffentliche Verfügbarkeit der notwendigen Daten [Sche02]. Durch die zunehmende Transparenz und damit einhergehende Veröffentlichung von Daten gibt es inzwischen die Möglichkeit, ein detailliertes Abbild der Strommärkte zu erstellen. So sind in den letzten Jahren mehrere aktuelle Studien veröffentlicht worden, welche die Erstellung oder Erweiterung eines Fundamentalmodells als Hintergrund haben.

Bereits 2007 ist eine Arbeit entstanden, in der der Einfluss von Speichertechnologien auf die Kraftwerkseinsatzplanung untersucht wurde [Grim07]. Das Modell ermittelt den Kraftwerkseinsatz auf stündlicher Basis jeweils für einen einzelnen Typtag. Ein deutlicher Nachteil der Berechnungen aus heutiger Sicht ist, dass das Potenzial für das Jahr 2030 von Windkraft onshore mit 25 GW und das von Photovoltaik mit 18 GW angenommen wird. Die tatsächlichen installierten Kapazitäten sind Ende 2018 bereits zwei bis dreimal so hoch gewesen.

Ein stochastisches Modell des Energiemarktes wird in [Heit10] entwickelt. Bei einem stochastischen Modell handelt es sich im Wesentlichen um ein lineares Optimierungsproblem, bei dem ein Teil der Parameter mit einer Unsicherheit behaftet ist. Diese Unsicherheit wird durch Zufallsvariablen mit einer bekannten Zufallsverteilung abgebildet. Das stochastische Modell von [Heit10] implementiert eine Zufallsverteilung der Brennstoffkosten, der CO_2-Emissionspreise und des Winddargebotes. Die berechnete Region beschränkt sich auf den Bereich des deutschen Übertragungsnetzes. Es werden einzelne Stunden oder Tage berechnet, welche repräsentativ für das gesamte Jahr stehen. Als Energiespeicher werden bestehende Pumpspeicherkraftwerke implementiert. Als Maximalwert für die installierte Leistung von Windkraftanlagen werden 45 GW angenommen.

In [Ehle11] wird ein Modell entwickelt, womit der Deckungsbeitrag von Speichertechnologien ermittelt werden kann. Das Modell führt keine gemeinsame Optimierung aller Einheiten durch sondern berechnet erst den Einsatz der Speicher iterativ und anschließend den Einsatz der Kraftwerke iterativ. Die zeitliche Auflösung der Berechnungen liegt bei einer Stunde. Genauso wie bei [Grim07] liegen die prognostizierten Leistungen für das Jahr 2035 mit 50 GW für Windkraft onshore und 20 GW für Photovoltaik bereits unter den tatsächlichen Zubauwerten für Ende 2017.

Detailliert werden KWK-Anlagen in [Oehs12] untersucht. Das Modell berechnet Szenarien für das Jahr 2050 mit einem Anteil an erneuerbaren Energien an der Stromerzeugung von über 85 %. Kraftwerke ab 50 MW werden blockscharf modelliert. Das Optimierungsmodell wird mittels CPLEX und rollierender Planung berechnet. Als Speicher werden Pumpspeicherkraftwerke und Wasserstoffspeicher implementiert.

In [Babr15] wird das bereits seit den 90er Jahren existierende Modell PERSEUS so erweitert, dass eine Kraftwerkseinsatzplanung mit einer Kraftwerksausbauplanung kombiniert wird. Es werden für jede Jahreszeit drei Typtage betrachtet, welche tagsüber stündlich und nachts in Blöcken von je zwei Stunden unterteilt sind. Thermische Anlagen werden über eine blockscharfe Abbildung bei Einheiten ab 100 MW integriert. Speicher werden mit getrenntem Ein- und Ausspeicherungsprozess und Modellierung des Speicherstandes berücksichtigt. Es werden bestehende Pumpspeicherkraftwerke in die Modellierung übernommen. Batteriespeicher werden als mögliche Neubauoption im Ausbaupfad berücksichtigt. Elektromobilität wird als gesteuertes Laden integriert. In Deutschland wird das Übertragungsnetz abgebildet und die Erzeugungseinheiten einem Netzknoten zugeordnet. Der Fokus der Studie liegt in der Ausbauplanung von Kraftwerks- und Speichereinheiten. Das spiegelt die geringe zeitliche Auflösung und die Berechnung von Stützjahren für einen langen Zeitraum von 2012 bis 2040 wieder.

In [Heff15] wird ebenfalls das bereits bestehende Modell PERSEUS des KIT eingesetzt, welches in einem Modul eine Kraftwerksausbauplanung und in einem weiteren Modul eine Kraftwerkseinsatzplanung ermöglicht. Als Flexibilitätsoptionen werden Speicher, Lastverschiebepotenzial und die Abregelung von erneuerbaren Energien berücksichtigt. Neben den vorhandenen Pumpspeicherkraftwerken werden Batteriespeicher pauschal über einen durchschnittlichen Speicher abgebildet, es findet keine weitere Differenzierung statt. Bei der Ausbauoption für Speichertechnologien konzentriert sich die Arbeit auf NaS-Batterien. Power2Gas wird nicht betrachtet, da bis zu einem Anteil von 50 % an erneuerbaren Energien kein nennenswerter Zubau berechnet wurde. Der Fokus wird auf eine Ausbauplanung von Kraftwerken und Speichern unter besonderer Berücksichtigung von Netzrestriktionen im Zeitraum 2012 bis 2050 gelegt. Die Kraftwerkseinsatzplanung findet dabei in stündlicher Auflösung für ein Jahr statt, wobei nicht ein ganzes Jahr gleichzeitig optimiert wird, sondern über eine rollierende Einsatzplanung die Optimierung tageweise durchgeführt wird. Dabei werden Erzeugungseinheiten über 100 MW blockscharf abgebildet. Es wird festgestellt, dass zwischen Speichern und thermischen Kraftwerken eine Konkurrenz hinsichtlich der Bereitstellung von gesicherter Leistung besteht. Ein weiteres Ergebnis ist, dass sich der Einsatzzweck von Kurzzeitspeichern wandelt. Sie werden nicht mehr wie bisher im Wälzbetrieb eingesetzt. Vielmehr werden sie hauptsächlich um die Mittagsspitze genutzt, um die Einspeisung aus Photovoltaik zu glätten.

Das Lastverschiebungspotenzial in Deutschland wird in der Arbeit von [Steu17] untersucht und in das bereits existierende Optimierungsmodell E2M2 des IER implementiert. Das Modell betrachtet den europäischen Kontext in stündlicher Auflösung. Das gesamte identifizierte Potenzial wird auf die Optionen mit dem höchsten Einsatzpotenzial reduziert, so dass in dem Modell insgesamt 10,7 GW Lastverschiebungspotenzial genutzt werden. Heutige Pumpspeicherkraftwerke werden integriert, Investitionen in alternative Speichertechnologien wie Lithium-Ionen-Speicher oder Wasserstoffspeicher zugelassen aber nicht explizit betrachtet.

2.4.3 Forschungslücke und eigener Ansatz bei der Modellbildung

Die grundlegende Vorgehensweise in der Erstellung eines linearen Fundamentalmodells ist in allen Arbeiten vergleichbar. Es werden jedoch große Unterschiede im Fokus der Arbeit und den Eingangsdaten sichtbar. Frühere Arbeiten wie [Ehle11, Grim07, Heit10] können noch nicht von der zunehmenden Verfügbarkeit öffentlicher Daten profitieren. Zusätzlich werden in diesen Arbeiten die Zubaupfade von Windkraft- und Photovoltaikanlagen signifikant unterschätzt. Neuere Arbeiten untersuchen die Auswirkungen von Flexibilität auf den Energiemarkt, legen jedoch den Fokus auf KWK-Anlagen [Oehs12], die Ausbauplanung [Babr15, Heff15] oder auf die Analyse von Lastverschiebungspotenzial [Steu17].

Ferner gibt es kein Marktmodell, welches in einer Auflösung von 15 Minuten berechnet wird. Sowohl der Intraday-Markt als auch der Bilanzkreisausgleich werden aber in einem so kurzen Zeitraster organisiert. Vorhergehende Untersuchungen haben gezeigt, dass beide Vermarktungsoptionen das höchste Erlöspotenzial für Solarstromspeicher bieten [UnEn15]. Somit würde eine Berechnung mit einem Raster von einer Stunde die bedeutendsten Einsatzoptionen vernachlässigen.

Erst seit 2013 findet eine nennenswerte Entwicklung der installierten Anzahl von Solarstromspeichern statt. Modelle aus Studien, welche vor diesem Jahr veröffentlicht wurden und seitdem nicht in weiteren Arbeiten aktualisiert wurden, berücksichtigen die Effekte der Speicherkapazität aus Solarstromspeichern somit nicht.

Der Einsatz von Solarstromspeichern am Energiemarkt stellt einen fundamental neuen Akteur dar, der nicht über bisherige Zusammenhänge am Energiemarkt beschrieben werden kann. Während damit makroökonomische Modelle nicht geeignet sind und spieltheoretische Modelle nur geeignet sind, die Sicht eines Anbieters von Solarstromspeichern zu beschreiben, kann über die gewählte Modellklasse eines ökonomisch-technisches Modell der gesamt Energiemarkt modelliert werden. So lassen sich die Auswirkungen der Mehrfachvermarktung auf den Wettbewerb und die Einsatzplanung der bestehenden Erzeugungs- und Speichereinheiten untersuchen. Die Besonderheit des Modells in dieser Arbeit ist, dass ein wählbarer Betrachtungsbereich sehr detailliert untersucht wird, während die übrigen Länder ähnlich wie bei einem makroökonomischen Modell aggregiert betrachtet werden. Das ist notwendig, da über die Austauschleistungen der Interkonnektoren und die Marktkopplung der Länder die Erzeugung im restlichen Verbundnetz Auswirkungen auf die Einsatzplanung der Länder im Fokus hat. So ist es möglich, detaillierte Ergebnisse für die betrachteten Länder zu erhalten und dennoch die Randbedingungen einer verbundweiten Einsatzplanung zu implementieren.

3 Mehrfachvermarktung von Solarstromspeichern

Solarstromspeicher werden primär in Kombination mit Photovoltaik-Anlagen installiert. Sie erhöhen den Eigenverbrauch und den Autarkiegrad des Haushaltes. Darüber hinaus sind einige Speicher notstromfähig, so dass sie auch die Versorgungssicherheit des Haushaltes selbst erhöhen können.

Neben diesem primären Einsatzzweck können die Solarstromspeicher auch weiteren Anwendungszwecken zugeführt werden. Denkbar sind eine Vermarktung am Energiemarkt oder eine Nutzung von Bilanzkreisverantwortlichen.

3.1 Heutige Marktdurchdringung

Solarstromspeicher profitieren von sinkenden Preisen für Speicher-Zellen und können sich so neue Märkte erschließen. Die Kostendegression entsteht insbesondere auch durch das wachsende Interesse der Automobilindustrie und Elektronikindustrie an Lithium-Ionen-Zellen [ABBB15]. Lagen die Kosten für Lithium-Ionen-Speicher im Mai 2013 noch bei rund 3.000 €/kWh, so sanken sie bis September 2015 schon auf knapp unter 2.000 €/kWh [StSt17]. Im gleichen Zeitraum sank der Preis für Bleibatterien lediglich von 1.500 €/kWh auf ca. 1.200 €/kWh. Ende 2017 sind die Endverbraucherpreise für Lithium-Ionen-Speicher auf 1.300 €/kWh gefallen [FHKW18]. Während theoretisch auch Bleispeicher geringe Kosten aufweisen, können sie sich am Markt nicht durchsetzen. Der Anteil an Lithium-Ionen-Speichern bei der Neuinstallation von Solarstromspeichern liegt inzwischen bei 99 % [FHKW18].

Solarstromspeicher haben einen Einfluss auf die lokale Netzauslastung und Spannungsqualität. Deshalb ist es für das Stromnetz besonders wichtig, dass die Speicher netzdienlich betrieben werden. Die KfW-Förderung hat als Bedingung, dass die Speicher die Einspeisespitze der Photovoltaikanlage auf 50 % reduzieren [FHKW18]. Bisher ist unklar, wie über die Netzanschlussbedingungen oder Förderbedingungen hinaus eine Vergütung für netzdienlichen Betrieb umgesetzt werden kann [StSt17].

Seit dem Erreichen der Netzparität Anfang 2012 ist der hauptsächliche Treiber für die Installation einer Photovoltaikanlage für Haushalte die Nutzung des selbst erzeugten Stroms. Im Jahr 2012 lag der Endkundenstrompreis bei 25,76 ct/kWh und die EEG-Vergütung bei 18,54 ct/kWh (siehe Tabelle 4). Je selbst verbrauchter kWh hatte ein Privathaushalt einen finanziellen Vorteil von 7,22 ct/kWh. Seitdem ist der Endkundenstrompreis jährlich gestiegen und gleichzeitig die feste EEG-Einspeisevergütung gesunken. So hat sich auch der finanzielle Vorteil durch den Eigenverbrauch gegenüber der Einspeisung in das Stromnetz auf 17,59 ct/kWh im Jahr 2017 erhöht.

Tabelle 4: Vorteil durch Eigenverbrauch (Daten aus [Bmwi17, Bmwi18a, Bnet18a])

Preise in ct/kWh	*2012*	*2013*	*2014*	*2015*	*2016*	*2017*
Endkundenstrompreis	25,76	28,83	29,37	29,16	29,33	29,82
Feste EEG-Vergütung[4]	18,54	15,29	13,02	12,79	12,70	12,24
Vorteil durch Eigenverbrauch	7,22	13,54	16,35	16,37	16,63	17,58

Die Eigenverbrauchsquote wird durch den Quotienten aus selbst verbrauchtem Solarstrom zum gesamt erzeugtem Solarstrom definiert. Durch die Installation eines Solarstromspeichers lässt sich die Eigenverbrauchsquote weiter erhöhen. So können Steigerungen um bis zu 20 Prozentpunkte erreicht werden [ABBB15, LoBE14].

Das erste Anreizprogramm der Bundesregierung förderte die Installation eines Solarstromspeichers von 2013 bis Ende 2016. Insgesamt konnten so knapp 19.000 Speicher gefördert werden [Bmwi18c]. Ein neu aufgelegtes Anreizprogramm startete Anfang 2017 und läuft bis zum Ende 2018. Die gesamte Fördersumme der zweiten Laufzeit liegt bei über 30 Mio. Euro. Doch auch ohne eine Förderung entscheiden sich Haushalte für die Installation eines Speichers. War zu Beginn des KfW-Anreizprogramm noch jeder zweite Speicher gefördert, so war im Jahr 2017 nur noch jeder fünfte Solarstromspeicher gefördert [FHKW18]. Die Installation eines Solarstromspeichers lohnt sich heute auch ohne eine Förderung und der Markt wird sich damit unabhängig von Zuschüssen selbstständig weiterentwickeln. So kann erwartet werden, dass die Anzahl der Solarstromspeicher weiter steigt. Während es Ende 2016 bereits gut 50.000 Solarstromspeicher in Deutschland gab, hat sich diese Anzahl ein Jahr später bereits auf 85.000 Solarstromspeicher erhöht (siehe Abbildung 12). Das entspricht einer monatlichen Zubaurate von ca. 3.000 Speichern.

Neben der reinen Anzahl der installierten Solarstromspeicher spielt für die weiteren Betrachtungen in dieser Arbeit auch die kumulierte Kapazität und Leistung der Speicher eine wichtige Rolle. Die Entwicklung bei diesen beiden Kennzahlen wird in Abbildung 13 dargestellt. Ende 2017 waren in Deutschland Solarstromspeicher mit einer Kapazität von knapp 600 MWh und einer Leistung von ca. 280 MW installiert.

[4] Es wird der Durchschnitt für das genannte Jahr berechnet.

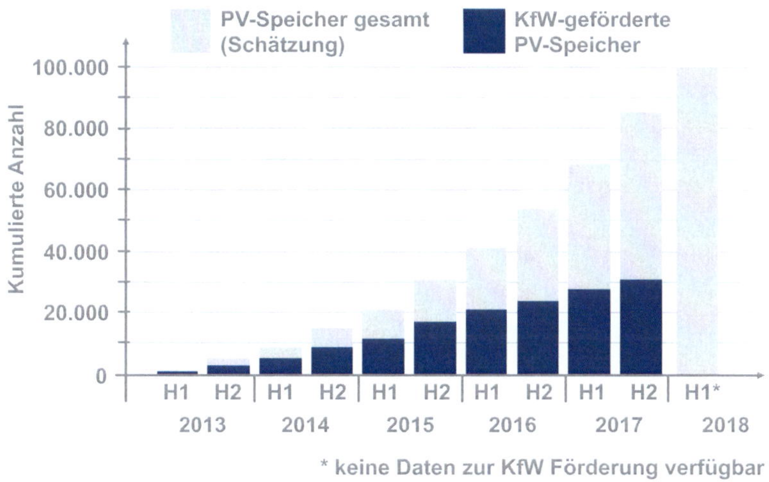

Abbildung 12: Installierte Solarstromspeicher in Deutschland, mit und ohne KfW-Förderung (eigene Darstellung, Daten bis H2 2017 aus [FHKW18], für H1 2018 aus [Sola18])

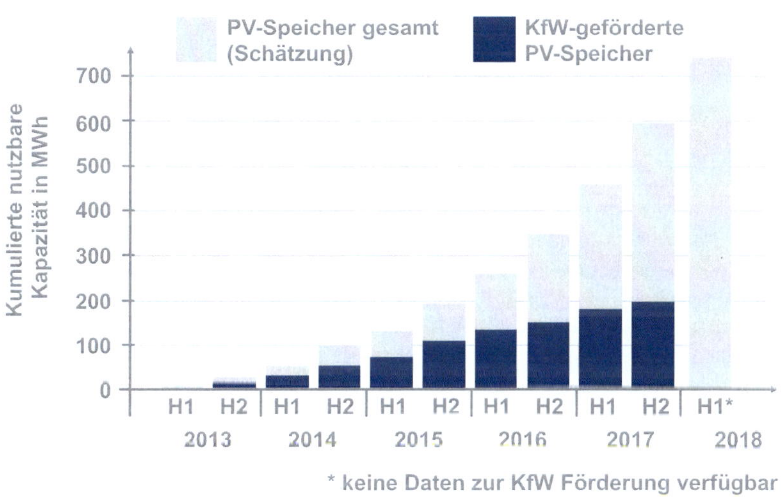

Abbildung 13: Kumulierte Batteriekapazität der Solarstromspeichern, mit und ohne KfW-Förderung (eigene Darstellung, Daten bis H2 2017 aus [FHKW18], für H1 2018 eigene Berechnung)

3.2 Prognose der zukünftigen Anzahl an Solarstromspeichern

Neben den Untersuchungen zum heutigen Stand des Energiemarktes, sollen in dieser Arbeit auch die Auswirkungen dezentraler Speicher auf den Energiemarkt im Jahre 2030 untersucht werden. Für die Eingangsdaten der Kraftwerke, die Einspeisemengen fluktuierender Erzeugung und die Stromnachfrage im Jahr 2030 können in der Literatur genügend bestehende Szenarien gefunden werden. Es gibt jedoch nur wenige Studien, welche sich mit der Entwicklung der Speicherkapazität und der Batterieleistung im Zeitverlauf beschäftigen.

In [FüWa14] wird eine Abschätzung der zukünftigen Anzahl an Solarstromspeichern getroffen. Es wird angenommen, dass im Jahre 2014 Solarstromspeicher mit einer Lebensdauer von 20 Jahren wirtschaftlich zu betreiben sind und somit für Haushalte ein Anreiz besteht, diese zu installieren. Der Strompreis wird mit einer inflationsbedingten Steigerungsrate von 2 % jährlich in der Prognose berücksichtigt. Bis 2030 wird die Anzahl an neuen Photovoltaikanlagen mit Batteriespeichern auf 700.000 Stück geschätzt, die Installationsgröße wird mit 3 bis 4 kW Leistung angenommen. Dazu werden Solarstromspeicher addiert, welche bei bestehenden Photovoltaikanlagen installiert werden. So werden noch einmal 5 bis 30 % der installierten Nennleistung der aus der EEG-Förderung fallenden Photovoltaikanlagen als Batterieleistung addiert. Insgesamt ergibt sich somit eine Bandbreite zwischen 3,4 und 6 GW für das Jahr 2030 und einer Bandbreite zwischen 5 und 15 GW für das Jahr 2034. In der Studie wird keine Abschätzung der Batteriekapazität angenommen. Wird jedoch das Ende 2017 bestehenden Verhältnis von Batteriekapazität zur Batterieleistung von 2,1 [FHKW18] angenommen, so ergibt sich für das Jahr 2030 eine gesamte Batteriekapazität zwischen 7,1 und 12,6 GWh und für das Jahr 2035 von 10,5 und 31,5 GWh.

In einer weiteren Studie, in Auftrag gegeben von 50Hertz [Hert16], werden mehrere Szenarien gebildet. Relevant für die Anzahl zukünftiger Speicher ist einmal das Szenario „prosumerorientierte Energiewende". Das bedeutet, dass eine verbrauchernahe Erzeugung sehr stark zur Deckung des Strombedarfs beiträgt. Weiterhin ist das Szenario „Energiewende gemäß EEG Pfad" relevant, was mit einem Fortsetzten der heutigen Politik gleichzusetzten ist. Es wird in der Studie für das erste Szenario davon ausgegangen, dass 25 % der im Jahre 2035 bestehenden Photovoltaikanlagen mit einem Solarstromspeicher ausgestattet sind. Insgesamt werden für 2035 7,1 Mio. Photovoltaikanlagen erwartet, daraus ergibt sich eine Anzahl von 1,7 Mio. Solarstromspeichern. Als Speicherkennzahlen werden eine Batterieleistung von 2,4 kW und eine Speicherkapazität von 8 kWh angenommen, was den Faktor 3,3 ergibt. Daraus ergibt sich für das Jahr 2030 an gesamter Speicherleistung eine Bandbreite je nach Szenario von ca. 1,8 bis 3 GW und für das Jahr 2035 ergibt sich eine Bandbreite von 2,1 bis 4,2 GW. Aus den Werten für die Batterieleistung lässt sich wiederrum die gesamte Speicherkapazität ableiten, welche sich mit rund 6 bis 10 GWh für das Jahr 2030 und mit rund 7 bis 14 GWh für das Jahr 2035 ergibt.

Im Forschungsvorhaben PVprog wurde eine Studie veröffentlicht, welche sich ebenfalls am Rande mit der Prognose der Anzahl an Solarstromspeichern beschäftigt [WBTQ15]. Die Autoren geben das gesamte Potenzial an Speichern für Ein- und Zweifamilienhäusern mit 15 Mio. Stück und das Potenzial bei Mehrfamilienhäusern mit 26 Mio. Stück an. Die Speicher für die Ein- und Zweifamilienhäuser haben eine Größe von 3 kW und 5 kWh und die Speicher für Mehrfamilienhäuser eine Größe von 1 kW mit 1 kWh. Im Gegensatz zu den vorherigen beiden Studien wird kein Zeitpunkt angegeben, wann eine Nutzung des Potenzials erwartet wird. Es werden jedoch zwei Szenarien aufgestellt, einmal eine Marktdurchdringung mit 10 % und eine Marktdurchdringung mit 50 %. Daraus ergeben sich die in Tabelle 5 angegebenen Werte.

Tabelle 5: Potenziale an Solarstromspeichern in Ein-, Zwei- und Mehrfamilienhäusern (Daten aus [WBTQ15])

	Anzahl	*10 % Durchdringung*		*50 % Durchdringung*	
		Leistung	**Kapazität**	**Leistung**	**Kapazität**
EFH und ZFH	15 Mio.	4,5 GW	7,5 GWh	22,5 GW	37,5 GWh
MFH	26 Mio.	2,6 GW	2,6 GWh	13 GW	13 GWh
Gesamt	41 Mio.	7,1 GW	10,1 GWh	35,5 GW	50,5 GWh

In einer eigenen Studie wurde ein Modell entwickelt und veröffentlicht, mit welchem sich die Anzahl und die Leistung der Speicher prognostizieren lassen [UnSE16]. Für die Prognose wurden Einflussfaktoren bestimmt, welche die Anzahl an Neuinstallationen von Solarstromspeichern beeinflussen. Die fünf Gruppen an Einflussfaktoren sind in Abbildung 14 zusammenfassend dargestellt.

Die erste Gruppe an Einflussfaktoren sind die Investitionsfaktoren. Unter Investitionsfaktoren werden der zukünftige Strompreis, die Kosten für die Investition in einen Solarstromspeicher und die so gemeinsam mit den vermiedenen Strombezugskosten folgende Rendite zusammengefasst.

Die zweite Gruppe ist durch das politische Umfeld bestimmt. Darunter fällt die EEG-Vergütung, eine Förderung von Solarstromspeichern durch die KfW (oder ein vergleichbares Instrument) und die Besteuerung von selbst verbrauchtem Strom.

Die dritte Gruppe wird durch die Anzahl an Photovoltaikanlagen definiert. Hierunter fallen zum einen die jährlichen Neuinstallationen, welche von Anfang an gemeinsam mit einem Solarstromspeicher errichtet werden. Zum anderen werden Bestandsanlagen betrachtet, welche aus der EEG-Förderung fallen jedoch noch weiterhin für den

Eigenverbrauch genutzt werden können und mit einem Solarstromspeicher nachgerüstet werden.

Als vierte Gruppe werden neue Nutzungsmöglichkeiten untersucht. Es wird das Konzept einer Community berücksichtigt, welche zum Beispiel durch die Firma Sonnen verfolgt wird (vergleiche Kapitel 3.6). Es wird jedoch auch der Mehrwert einer anbieteroffenen Mehrfachvermarktung implementiert, durch welchen sich ein finanzieller Anreiz für den Besitzer des Solarstromspeichers ergeben kann.

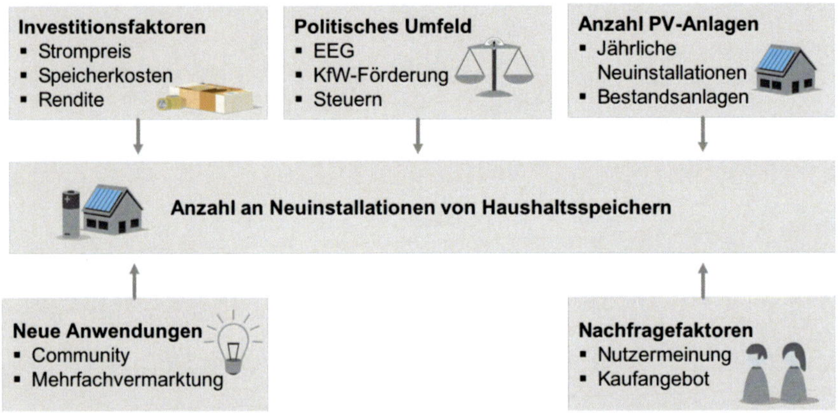

Abbildung 14: Einflussfaktoren auf die Anzahl an Neuinstallationen von Solarstromspeichern (eigene Darstellung nach [UnSE16])

Als fünfte Gruppe werden Nachfragefaktoren wie die Nutzermeinung über Solarstromspeicher und das Angebot an Anbietern berücksichtigt.

Für die weiteren Untersuchungen in der Studie werden die Einflussfaktoren anschließend bepreist und als Eingangsparameter für die Wirtschaftlichkeitsberechnung eines Solarstromspeichers angenommen. Die Wirtschaftlichkeit der Speicherinstallation wird anhand einer Photovoltaikanlage mit 4 kWp[5] und einem Speicher mit einer Leistung von 2 kW und einer Kapazität von 4 kWh berechnet. Als Jahresenergieverbrauch des Haushaltes werden 3.540 kWh angenommen. Mit diesen Eingangsparametern wird die Wirtschaftlichkeit für Stützjahre von 2015 bis 2030 berechnet. Als wirtschaftlich gilt ein Solarstromspeicher, wenn er eine Amortisationsrate von unter 20 Jahren hat. Je

[5] Die Einheit „kWp" entspricht nicht dem internationalen Einheitssystem. Die Verwendung ist aber in der Solarbranche üblich und die Einheit wird auch von der Bundesnetzagentur genutzt. Somit findet sie auch in der vorliegenden Arbeit Verwendung.

nach Amortisationszeit ergibt sich so ein Anreiz für die Installation weiterer Solarstromspeicher.

Als Bandbreite der zukünftigen Anzahl an Solarstromspeichern werden drei Szenarien mit einer moderaten, einer starken und einer schwachen Steigerung gebildet. Insgesamt folgt für die optimistischste Abschätzung mit einem starken Zubau eine Speicheranzahl von 1 Mio. Stück im Jahr 2030, bei einem moderaten Zubau eine Anzahl von 800.000 Stück und bei einem schwachen Zubau von 600.000 Stück.

Werden alle vier Studien verglichen, so liegt bei drei Studien die Anzahl der prognostizierten Solarstromspeicher für das später als Szenario genutzte Jahr 2030 zwischen 0,7 Mio. und 1,7 Mio. Stück (siehe Tabelle 6). Die prognostizierte Gesamtkapazität und Gesamtleistung schwankt stärker und hängt im Wesentlichen von dem in der jeweiligen Studie angenommenen Modellspeicher ab. Das ist jedoch nicht entscheidend für die weiteren Berechnungen, da nur die prognostizierte Anzahl benötigt wird. Die Gesamtkapazität und Gesamtleistung ergeben sich in den späteren Berechnungen aus dem im folgenden Kapitel entwickelten Durchschnittsspeicher.

Tabelle 6: Vergleich der prognostizierten Ausbaupfade für Solarstromspeicher

Studie	*Jahr*	*Anzahl*	*Gesamtkapazität*	*Gesamtleistung*
[FüWa14]	2030	**0,7 Mio.**	3,4 GW bis 6 GW	7,1 GWh bis 12,6 GWh
	2035	**-**	5 GW bis 15 GW	10,5 GWh bis 31,5 GWh
[Hert16]	2030	**1,7 Mio.**	1,8 GW bis 3 GW	6 GWh bis 10 GWh
	2035	**-**	2,1 GW bis 4,2 GW	7 GW bis 14 GWh
[WBTQ15]	-	**41 Mio.**	7,1 GW bis 35,5 GW	10,1 GWh bis 50,5 GWh
[UnSE16]	2030	**0,6 Mio. bis 1 Mio.**	1,8 GW bis 3 GW	2,4 GWh bis 4 GWh

3.3 Modell der Solarstromspeicher

Nachdem im vorherigen Kapitel Prognosen über die absolute Anzahl an zukünftigen Solarstromspeichern untersucht wurden, sollen im Folgenden aus den Zahlen die Verfügbarkeiten der Solarstromspeicher für die Mehrfachvermarktung abgeleitet werden. Es sollen eine Zeitreihe für die Speicherkapazität und die Speicherleistung erstellt werden, welche anschließend wiederrum als Eingangsdaten in das Simulationsmodell übernommen werden.

3.3.1 Ladestrategien

Solarstromspeicher können mit vier verschiedenen Ladestrategien genutzt werden [StSt17]. Die Strategien werden in Abbildung 15 dargestellt. Beim „direkten Laden" wird der überschüssige Solarstrom, welcher nicht sofort durch die Last des Haushaltes verbraucht wird in den Speicher geladen. Übersteigt die Last die Erzeugung der Photovoltaikanlage wird direkt ausgespeichert. Der Vorteil auf Seiten des Haushaltes ist, dass der Speicher unabhängig einer Prognose betrieben werden kann und trotzdem immer optimal ausgenutzt wird. Auf Seiten des Netzes gibt es jedoch den Nachteil, dass sobald der Speicher komplett geladen ist, der Solarstrom ins Netz eingespeist wird. Bei einem kleinen Speicher, welcher bereits vor der Mittagsspitze komplett geladen ist, reduziert sich damit nicht die Peak-Leistung, auf welche die Netzkomponenten ausgelegt sein müssen.

Bei der Strategie „verzögertes Laden" wird der Speicher nicht direkt bei der ersten Einspeisung von Solarstrom in das Stromnetz genutzt, sondern erst mit einer zeitlichen Verzögerung und dann mit konstanter Ladeleistung. So kann die Mittagsspitze reduziert werden und die Netzbelastung wird deutlich gesenkt. Der Nachteil ist, dass bei einer nicht vorhandenen oder schlechten Prognose der Speicher nicht komplett genutzt wird, wenn sich die Erzeugung mittags durch eine dichtere Bewölkung reduziert.

Die Strategie Peak-Shaving ist die netzfreundlichste Ladestrategie. Einspeisespitzen oberhalb eines Schwellenwertes (zum Beispiel 50 %) werden eingespeichert. Bei dieser Strategie hat der Eigenverbrauch nicht die oberste Priorität, die Speicherkapazität wird für die Leistungsspitzen freigehalten.

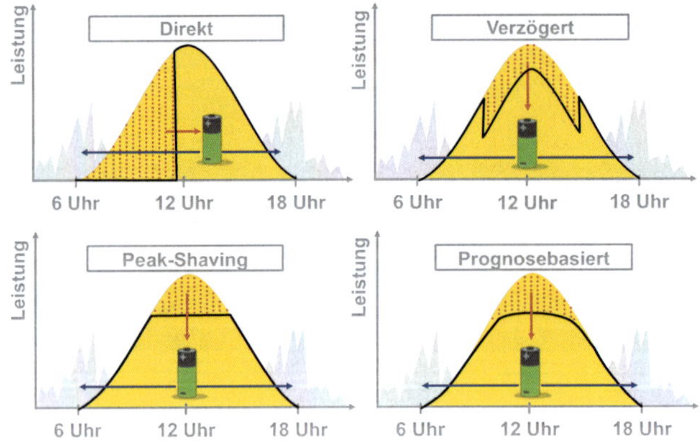

Abbildung 15: Unterschiedliche Ladestrategien von Solarstromspeichern (eigene Darstellung nach [StSt17])

Das prognosebasierte Laden kombiniert alle vorherigen Strategien und stellt die fortschrittlichste Strategie dar. Ein intelligentes Batteriemanagement kann dafür sorgen, dass die Eigenverbrauchsquote nahe dem maximalen Wert ist und die maximale eingespeiste Photovoltaik-Leistung reduziert wird. Dafür sind Prognosen über die erzeugte Leistung notwendig. Reicht die verfügbare Kapazität des Speichers aus, um die Mittagsspitze auf den gewünschten Schwellenwert zu reduzieren, dann kann auch in den anderen Zeiten geladen werden. Bei einem Prognosefehler und einem zu früh gefüllten Speicher muss im schlechtesten Fall die Photovoltaikanlage abgeregelt werden.

3.3.2 Erstellung von Gewichtungsfaktoren für einen Durchschnittsspeicher

Um die Eingangsdaten für das Simulationsmodell herzuleiten, soll ein Durchschnittsspeicher berechnet werden (siehe Abbildung 16).

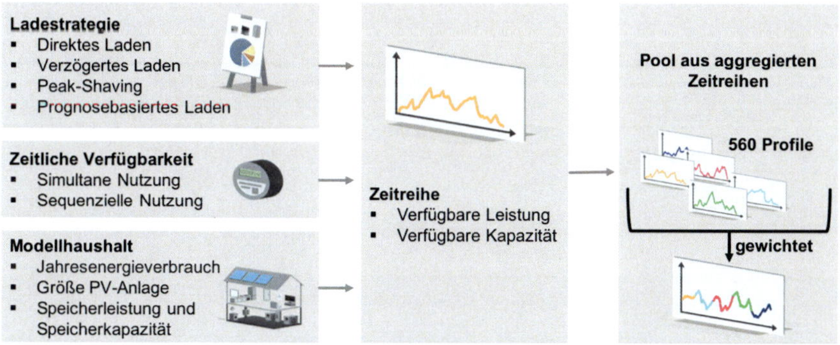

Abbildung 16 – Vorgehen bei der Ermittlung der Eingangsdaten für die Solarstromspeicher

Für die Berechnung werden die Speicherverläufe von typischen Kombinationen aus Photovoltaikanlage, Speicher und Stromverbrauch gebildet und nach ihrer Häufigkeit gewichtet. Die typischen Kombinationen ergeben sich aus dem Speichermonitoring des Jahres 2016 [KHOS16]. In der Studie wird einmal die Größe des Haushaltspeichers in Abhängigkeit der Photovoltaikanlagengröße und zum anderen die Größe des Solarstromspeichers in Abhängigkeit des Jahresenergieverbrauchs des Haushaltes angegeben. Aus diesen Daten werden 98 Klassen aus Speichergröße, Photovoltaikanlagegröße und Jahresenergieverbrauch gebildet, für welche ein Gewichtungsfaktor berechnet wird (siehe Tabelle A2 im Anhang).

Anschließend werden 560 unterschiedliche Speicherverläufe simuliert, welche den 98 Klassen zugeordnet und entsprechend gewichtet werden. Dafür werden als erstes Erzeugungsdaten für die unterschiedliche Größen der Photovoltaikanlage benötigt. Die Profile werden synthetisch erstellt, indem reale Wetterdaten des Standortes Braunschweig für das Jahr 2011 in die erzeugte Leistung einer Photovoltaikanlage umgerechnet werden (Abbildung 17). Die Daten entsprechen einer Photovoltaikanlage mit einer Jahresenergieerzeugung von 920 kWh/kWp und südlicher Ausrichtung. Als Anlagengrößen werden zehn Anlagen mit einer Größe von 1 bis 10 kWp modelliert.

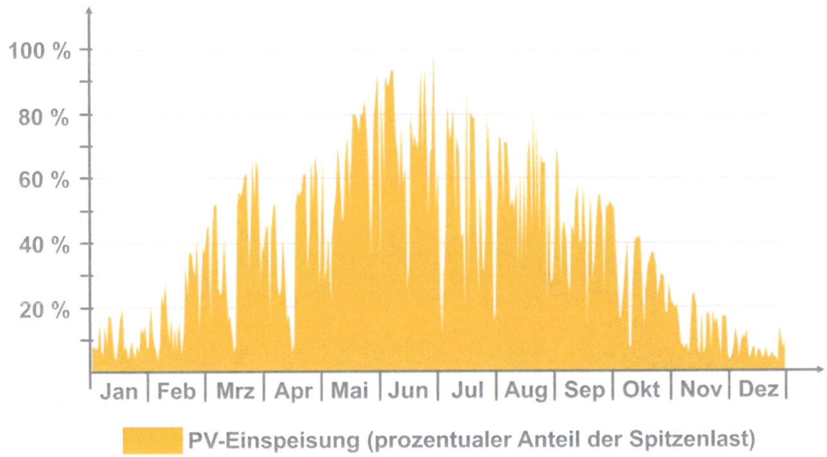

Abbildung 17: Verlauf der Sonneneinstrahlung

Die zweite Eingangsgrößen sind synthetische Haushaltsprofile. Die Haushaltsprofile stammen aus einem am elenia der TU Braunschweig verfügbaren Profilgenerator [LoBE14]. Es werden insgesamt 20 Profile gebildet, welche einen jährlichen Energieverbrauch von 2.765 bis 4.379 kWh abdecken (siehe Tabelle A3 im Anhang). Für die Batteriespeicher wird ein Wirkungsgrad von 90 % angenommen [FZBS16, SPBG17]. Der angenommene Wirkungsgrad liegt im oberen Wertebereich der in der Literatur verfügbaren Wirkungsgrade [Loge19]. Alle Solarstromspeicher werden so betrieben, dass sie den Eigenverbrauch maximieren. Als Batteriekapazität werden ebenfalls zehn Größen von 1 bis 10 kWh betrachtet.

Insgesamt werden der zeitliche Verlauf der Speicherkapazität und der Speicherleistung für ein ganzes Jahr berechnet. Aus den prozentualen Gewichtungen der 560 Speicherverläufe folgt ein durchschnittlicher Speicher mit einer Kapazität von 4,8 kWh. Dieser Durchschnittsspeicher repräsentiert die Grundgesamtheit aller möglichen Kombinationen. Die Idee dahinter ist, dass das Profil des durchschnittlichen Speichers, skaliert um die aus der Prognose in Kapitel 3.2 erwartete Anzahl zukünftiger Speicher, immer die Gewichtung der aus dem Speichermonitoring entstandenen Kombination aus Photovoltaikanlage, Speicher und Jahresverbrauch enthält.

3.3.3 Zeitliche Verfügbarkeiten der Solarstromspeicher

Aus den Berechnungen im vorherigen Kapitel ergibt sich der Verlauf der Speicherkapazität und Speicherleistung des Durchschnittsspeichers für ein Jahr. Der so errechnete Zeitverlauf unterliegt anschließend noch einer weiteren Unterscheidung hinsichtlich der zeitlichen Verfügbarkeit für die sekundären Nutzungen.

Die erste Möglichkeit der zeitlichen Verfügbarkeit ist die sequenzielle Nutzung. Der Solarstromspeicher wird zu Zeiten, in denen er komplett entladen ist, für die sekundäre Nutzung vermarktet. In Abbildung 18 wird der beispielhafte Verlauf eines solchen Speichers dargestellt. Sobald die Photovoltaikerzeugung den Verbrauch des Haushaltes übersteigt, wird der Speicher geladen und entsprechend bei einer zu geringen Erzeugung wieder entladen. Die Ladestrategie des direkten Be- und Entladens führt zu einer Nutzung des Speichers zum Zwecke des Eigenverbrauchs zwischen 10 und 20 Uhr. In dieser Zeit wird der Speicher nicht für weitere Nutzungen eingesetzt, obwohl für die Aufgabe Eigenverbrauch nicht die gesamte Kapazität erforderlich ist. Vor 10 Uhr und nach 20 Uhr wird die gesamte Kapazität des Speichers für die Mehrfachvermarktung genutzt (rot gepunktete Fläche).

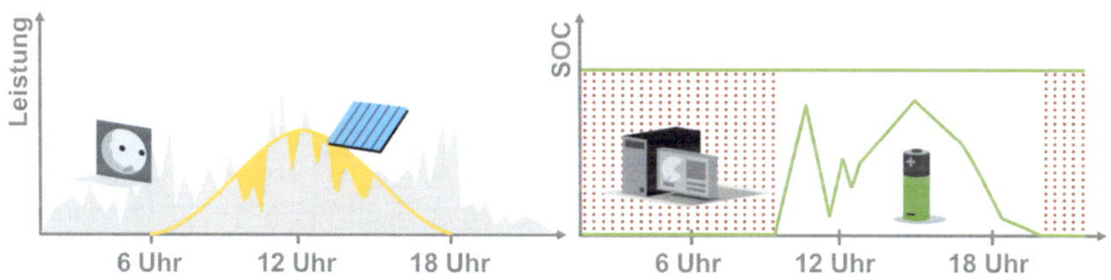

Abbildung 18: Beispielhafte Verfügbarkeit eines Solarstromspeichers bei sequenzieller Nutzung

Der Vorteil der sequenziellen Nutzung ist, dass der Speicher und damit der Zählpunkt immer nur einem Bilanzkreis zugeordnet ist. Weiterhin kommt es nicht zu einer Vermischung der in den Speicher geladenen Energien, da die Übergabe von einer Nutzung zur Anderen immer nur im entladenen Zustand erfolgt. Daraus folgt, dass Umwandlungsverluste auch eindeutig der Nutzung zugeordnet werden können.

Der aus Abbildung 18 offensichtliche Nachteil bei der sequenziellen Nutzung ist, dass freie Kapazitäten des Speichers nicht genutzt werden. Die simultane Nutzung hingegen ermöglicht es, die gesamte Speicherkapazität, welche nicht für den Eigenverbrauch genutzt wird, der sekundären Nutzung zuzuführen (siehe Abbildung 19). Neben den Vermarktungszeiten vor 10 Uhr und nach 20 Uhr wird die nicht genutzte Kapazität zwischen 10 Uhr und 20 Uhr zusätzlich der sekundären Nutzung zugeführt. Die rot gepunktete Fläche erstreckt sich nun über einen größeren Bereich als bei der sequenziellen Nutzung. Der Nachteil der simultanen Nutzung ist, dass ein höherer Aufwand beim Batteriemanagement erforderlich ist. So dürfen trotz der Mehrfachvermarktung die Kapazität und die Leistung des Speichers nicht überschritten werden. Einmal in den Speicher geladene Energiemengen können nicht mehr ohne Weiteres der ursprünglichen Nutzung zugeordnet werden. Genauso ist die Zuordnung von Umwandlungs- und eventueller Selbstentladungsverluste nicht direkt möglich. Um Energiemengen und Verluste zuordnen zu können, ist ein im Batteriemanagement hinterlegtes Modell des Speichers notwendig.

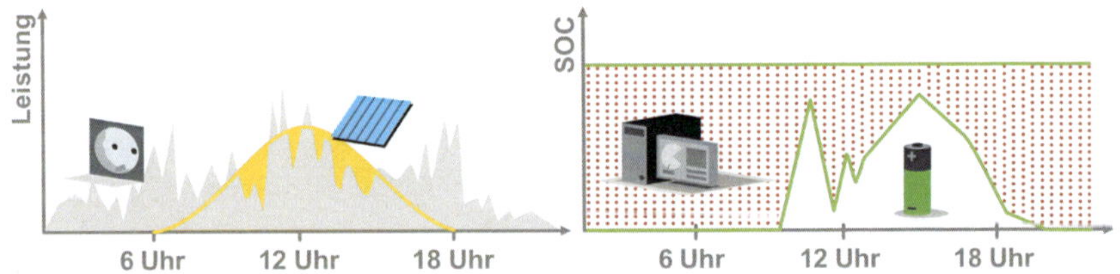

Abbildung 19: Beispielhafte Verfügbarkeit eines Solarstromspeichers bei simultaner Nutzung

Bei der sequenziellen Nutzung steht durchschnittlich über das Jahr 22 % der Speicherkapazität für die Mehrfachvermarktung zur Verfügung, bei der simultanen Nutzung hingegen sind es 55 %, also mehr als doppelt so viel. Aufgeteilt auf die einzelnen Monate wird in Abbildung 20 die im Durchschnitt freie Kapazität für die Mehrfachvermarktung dargestellt. Bei beiden Nutzungen ist ein Einbruch der freien Kapazität im Sommer gegenüber den Wintermonaten sichtbar, besonders aber bei der sequenziellen Nutzung. Der Effekt ist bei der sequenziellen Nutzung darauf zurückzuführen, dass bei einem im Vergleich zum Jahresverbrauch großen Speicher im Sommer nur noch selten eine vollständige Entladung während der Nacht stattfindet. Somit sind auch nur wenige Tage für die Mehrfachvermarktung nutzbar.

Der maximale Wert für die verfügbare Kapazität ist bei der simultanen Nutzung 85 % im Dezember und der minimale Wert 31 % im Juni. Bei der sequenziellen Nutzung entsprechend 55 % und 3 % in den gleichen Monaten.

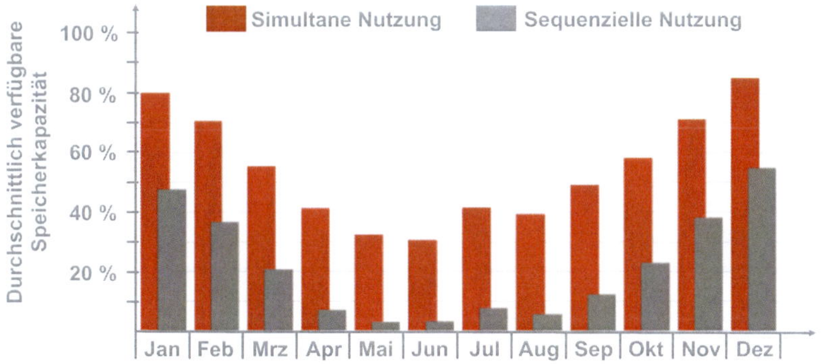

Abbildung 20: Durchschnittliche verfügbare Speicherkapazität je Monat für die Mehrfachvermarktung bei simultaner und sequenzieller Nutzung

Der Verlauf einer Beispielwoche des Durchschnittsspeichers im Winter wird in Abbildung 21 dargestellt. Bei der simultanen Nutzung sinkt die verfügbare Kapazität am Montag, Samstag und Sonntag ab, da hier sehr sonnige Tage mit einer entsprechenden starken Nutzung der Speicher für den Eigenverbrauch vorherrschen. Bei der sequenziellen Nutzung ist an jedem Tag ein Einbruch der verfügbaren Kapazität sichtbar, da selbst nur geringe Ladeleistungen ausreichen, um den Speicher komplett der Eigenverbrauchsnutzung zuzuführen.

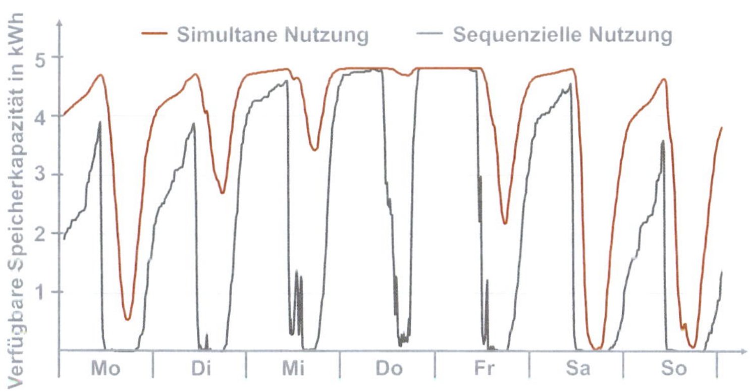

Abbildung 21: Freie Speicherkapazität des Durchschnittsspeichers in einer Winterwoche

Entsprechend zeigt Abbildung 22 eine beispielhafte Sommerwoche. Während bei der sequenziellen Nutzung kaum Kapazität genutzt werden kann, ergibt sich bei der simultanen Nutzung ein wiederholendes Muster. Nachts werden die Solarstromspeicher entladen und so steigt die verfügbare Kapazität kontinuierlich bis zum Morgen an. Mit steigender Produktion der Photovoltaikanlage werden die Speicher für den Eigenverbrauch geladen und die verfügbare Kapazität sinkt stark ab.

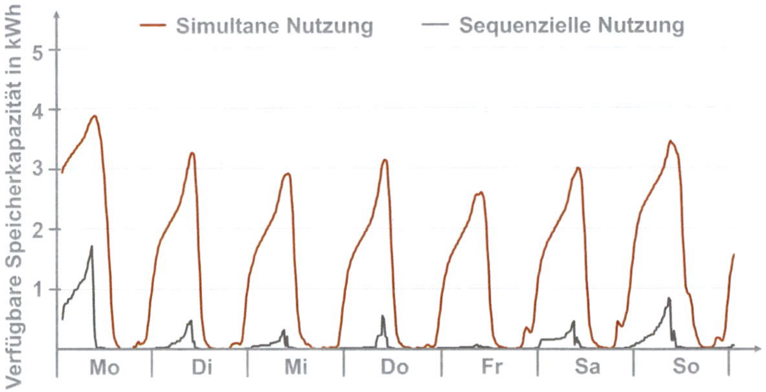

Abbildung 22: Freie Speicherkapazität des Durchschnittsspeichers in einer Sommerwoche

Die Jahresdauerlinien der simultanen und sequenziellen Nutzung werden in Abbildung 23 dargestellt. Aus der Abbildung wird deutlich, dass bei der sequenziellen Nutzung der Speicher nahezu die Hälfte des Jahres gar nicht zur Verfügung steht und bei der simultanen Nutzung immerhin für ein Viertel des Jahres mit einer Kapazität von weniger als 1 kWh pro Speichereinheit, also weniger als 20 % der nutzbaren Kapazität. Mehrfach genutzte Solarstromspeicher können somit nicht als gesicherte Speicherkapazität gesehen werden, sollte diese in der Zukunft irgendwann systemrelevant sein.

Weitere Darstellungen zu der zeitlichen Verfügbarkeit bei unterschiedlichen Parametern werden in Abbildung A1 und Abbildung A2 im Anhang gegeben.

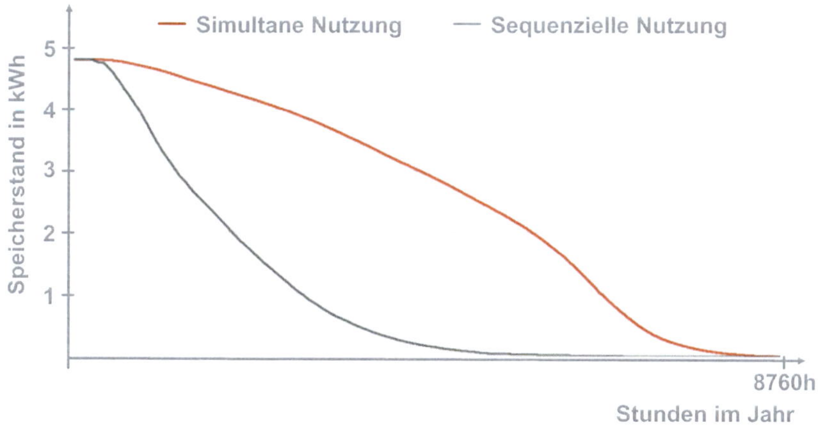

Abbildung 23: Vergleich der Jahresdauerlinien zwischen simultaner und sequenzieller Nutzung

3.4 Einbindung von mehrfachgenutzten Solarstromspeichern in ein Smart Home

Jedem Erzeuger und Verbraucher ist ein Zählpunkt zugeordnet, mit welchem die Leistungsentnahme aus dem Stromnetz gemessen und abgerechnet werden kann. Die Messperiode, also zeitliche Einheit über welche die Leistung gemittelt wird, sind 15 Minuten. Nach § 12 StromNZV wird bei kleineren Verbrauchern mit einer jährlichen Entnahmemenge von bis zu 100.000 kWh ein vereinfachtes Verfahren angewendet. Bei ihnen wird nur die jährliche Verbrauchsmenge erfasst. Das Verbrauchsprofil über die Zeit wird über ein Standardlastprofil bestimmt, welches durch den jeweiligen Verteilnetzbetreiber erstellt wird. Abweichungen des tatsächlichen Verbrauchs zum Standardlastprofil werden durch den Verteilnetzbetreiber über einen eigenen Differenzbilanzkreis erfasst.

Verbraucher mit einer Entnahmemenge über 100.000 kWh werden über eine registrierende Leistungsmessung (RLM) abgerechnet. Die registrierten Werte werden sofort oder mit einer kurzen zeitlichen Verzögerung bis zu einem Tag an den Verteilnetzbetreiber übermittelt. In Deutschland werden ca. 60 % des Stromverbrauchs über RLM-Zähler abgerechnet [PeDi15].

Eine besondere Herausforderung an das Zählkonzept liegt vor, wenn der Speicher nicht nur der Optimierung des Eigenverbrauchs dient, sondern auch ein weiterer Anbieter auf den Speicher zugreifen und ihn für weitere Vermarktungszwecke nutzen kann. Bei der Mehrfachvermarktung eines Speichers sind zwei Zähler notwendig, welche die abrechnungsrelevanten Energieflüsse messen [FuSE15]. Zu beachten ist, dass bei Photovoltaikanlagen über 10 kW nach § 61a Nr. 4 EEG ein dritter Zähler an der Photovoltaikanlage notwendig ist, damit die EEG-Umlage korrekt berechnet werden kann.

3.5 Grundidee der Mehrfachvermarktung

Die Grundidee der Mehrfachvermarktung ist es, Speichersysteme nicht nur für eine Aufgabe zu nutzen, sondern mehrere Ziele zu kombinieren. Die meisten Speichersysteme werden für ihren primären Einsatzzweck angeschafft. So kann ein Haushalt neben der Photovoltaik-Anlage einen Speicher nutzen, um den Eigenverbrauch der selbst erzeugten Energie zu maximieren. Ein Netzbetreiber kann einen Speicher in seinem Verteilnetz installieren, um Überlastungen einzelner Netzelemente zu vermeiden oder um die Spannungsqualität zu erhöhen. Auch Gewerbe- oder Industriekunden können Speicher nutzen, um ihr Areal- oder Objektnetz zu optimieren und ihre aus dem vorgelagerten Netz bezogene Leistungsspitze zu reduzieren. Je niedriger die höchste Jahresleistung eines RLM-gemessenen Kunden ist, desto geringer sind die Kosten.

Die Speicher werden zu allererst für ihren primären Einsatzweck betrieben und optimiert. Dabei kann es zu Widersprüchen zwischen den Zielen des Betreibers und den Ansprüchen des Gesamtsystems kommen. Werden zum Beispiel Solarstromspeicher mit erneuerbar erzeugtem Photovoltaik-Strom geladen während anderswo im Stromnetz ein Energiebedarf durch konventionelle Kraftwerke gedeckt wird, ist das aus Sicht des Gesamtsystems suboptimal [StSt17]. Eine gleichzeitige Optimierung der Ziele des Haushaltes und des Gesamtsystems ist in der Realität jedoch nicht möglich. Die Mehrfachvermarktung kann dem zumindest nahekommen, indem die in einem Moment nicht genutzte Kapazität des Speichers weiteren Aufgaben zugeordnet wird. Denkbar sind Dienstleistungen für das Verteilnetz oder die Teilnahme an den Regel- und Energiemärkten. Für die Teilnahme an den Regel- und Energiemärkten gibt es bereits Anwendungsfälle.

Abbildung 24 verdeutlicht die Idee der Mehrfachvermarktung mit dem Speicherverlauf über einen Tag. Der primäre Einsatzzweck eines Solarstromspeicher ist die Eigenverbrauchsmaximierung. Die für diesen Zweck genutzte Kapazität wird in der Abbildung als grüne Fläche dargestellt. Als sekundären Einsatzzweck, nachdem die für den Eigenverbrauch benötigte Fläche durch eine Prognose bestimmt wurde, wird die restliche Kapazität am Day-Ahead- und Intraday-Markt vermarktet. Die so genutzte Kapazität wird als blaue Fläche dargestellt und ergibt, zur grünen Fläche addiert, den neuen Speicherverlauf. Die nicht durch den Eigenverbrauch oder die Nutzung am Energiemarkt gebrauchte Kapazität (in der Abbildung als graue Fläche gekennzeichnet) kann im letzten Schritt noch einer tertiären Nutzung zugeführt werden. Eine Idee hierfür ist, dass Bilanzkreisverantwortliche einen Pool aus Solarstromspeichern nutzen können, um kurzfristige Prognoseabweichungen auszugleichen.

In der Abbildung nicht explizit angegeben ist die Leistung des Speichers. Dennoch ist in der Optimierung als Randbedingung zu beachten, dass die Summe aller Vermarktungsoptionen die Leistung des Speichers nicht überschreiten darf. Eine Überschreitung der Leistung kann zum Beispiel entstehen, wenn sowohl der primäre als auch der sekundäre Einsatzweck mit der gesamten Leistung des Speichers einspeisen oder ausspeisen wollen. Genauso kann es aber auch sein, dass sich die Leistungsrichtungen für beide Einsatzzwecke aufheben. Wird für den Eigenverbrauch mit einer Leistung von 2 kW eingespeichert und für den Energiemarkt gleichzeitig mit 2 kW ausgespeichert, dann bleibt der Speicherstand gleich und die resultierende Leistung des Batterie-Wechselrichters ist 0 kW. Trotzdem ist die Leistung am Zählpunkt des Haushaltes sichtbar, denn die 2 kW Leistung der Photovoltaik-Anlage werden in das Stromnetz eingespeist und rein bilanziell stimmen die Leistungsbilanzen wieder.

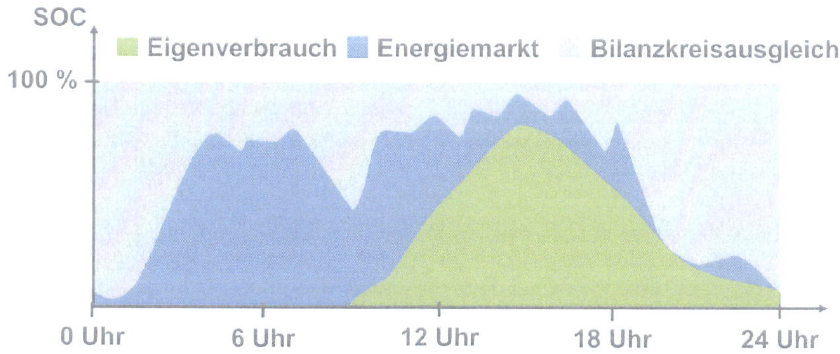

Abbildung 24: Idee der Mehrfachvermarktung eines Solarstromspeichers

Ein einzelner Solarstromspeicher oder kleiner gewerblich genutzter Speicher hat eine zu geringe Leistung, um am Regelleistungsmarkt oder am Strommarkt teilzunehmen. Nicht nur hemmen regulatorische Hindernisse wie eine Mindestleistung die Teilnahme, sondern es sind auch die Kosten zu hoch. Eine Lösung dafür ist das Pooling mehrerer Solarstromspeicher in einem virtuellen Kraftwerk. Virtuelle Kraftwerke werden auch bei anderen dezentralen Anlagen genutzt, um sie gemeinsam zu betreiben, so zum Beispiel bei Blockheizkraftwerken [Damm15]. Ein weiterer Schritt zur Senkung der Kosten können automatisierte Ansätze sein. Der Anbieter Caterva nutzt ein automatisches System bereits dafür, seinen Speicher-Pool am Intraday Markt zu vermarkten [Cate16].

Solarstromspeicher sind zum Zwecke der Eigenverbrauchsoptimierung bereits wirtschaftlich zu betreiben. Andere Speicher sind für ihren primären Einsatzzweck oft nicht kostendeckend betreibbar [MeMA14]. Eine Mehrfachvermarktung kann bei Solarstromspeichern einen zusätzlichen Verdienst für den Haushalt generieren. Bei den anderen Einsatzzwecken ist es möglich, dass eine wirtschaftliche Betriebsweise erst durch die Mehrfachvermarktung möglich wird. Davon profitiert dann auch das ursprünglich für den primären Einsatzweck vorgesehene Ziel des Betreibers.

Obwohl sich die Idee der Mehrfachvermarktung so nicht nur auf Solarstromspeicher beschränkt, haben diese durch ihre stark steigende Anzahl in Zukunft den größten Einfluss auf die Zusammensetzung des Pools. Im mittleren Größenbereich als Speicher für Netzbetreiber oder Gewerbetreibende ist bisher keine Wirtschaftlichkeit gegeben [UnEn15]. Größere Speichersysteme, wie der von Younicos [Youn13] betriebene dezentrale Speicher zur Primärregelleistungserbringung, haben alleine bereits eine ausreichende Größe, um am Regel- oder Strommarkt teilzunehmen. Aus diesem Grund wird in dieser Arbeit der Fokus auf Solarstromspeicher gelegt.

3.6 Bestehende Vermarktungsansätze von Solarstromspeichern

Mit der steigenden Anzahl von Solarstromspeichern entstehen auch immer mehr Vermarktungsansätze, wie freie Speicherkapazitäten für sekundäre Einsatzzwecke genutzt werden können.

Eines der ersten Forschungsprojekte, welches sich mit diesem Thema beschäftigt hat, ist das Projekt green2store [Piel15, UnEn15]. Das Projekt green2store wurde von 2012 bis 2016 in einem Konsortium aus neun Partnern durchgeführt. In einer Feldtestphase wurden neun Solarstromspeicher und drei industriell genutzte Batteriespeicher über eine sogenannte Cloud Box an eine in dem Projekt entwickelte Energy Storage Cloud angeschlossen. Der primäre Einsatzzweck der Solarstromspeicher war die Eigenverbrauchsoptimierung. Die industriellen Speicher wurden zur Stabilisierung eines Ortsnetzes, zum Peak-Shaving eines gewerblichen Objektes und zum Betreiben eines Arealnetzes genutzt.

Der Standort der Speicher im Projekt green2store ist über ganz Deutschland verteilt. Die Batteriespeicher melden ihre freien Verfügbarkeiten an die Cloud, welche die gebündelten freien Verfügbarkeiten dann dritten Nachfragern zur Verfügung stellt. Die Speicher werden dabei jeweils entladen in die Cloud gebucht und entladen wieder zur Eigenverbrauchsoptimierung genutzt. So konnte sichergestellt werden, dass im realen Betrieb der Strom aus der Photovoltaik-Erzeugung nicht mit Strom aus der Cloud-Nutzung vermischt wird [Piel15]. In dem Projekt wurden als Nachfrager Netzbetreiber, Stromhändler und Direktvermarkter von Windkraftanlagen betrachtet. Ähnlich wie beim Cloud-Ansatz in der IT wird bei der Energy Storage Cloud die von den Drittanbietern gebuchte Energie auf mehrere Speicher aufgeteilt, sollte nicht ein großer Speicher ausreichend Kapazität bereithalten. Der Drittanbieter merkt von dieser Aufteilung nichts, sein Vertragspartner ist nur die Energy Storage Cloud.

Der Anbieter Caterva GmbH wurde 2013 mit dem Ziel gegründet, einen virtuellen Großspeicher zu betreiben. Konkret wurde gemeinsam mit dem Energieversorgungsunternehmen N-ERGIE GmbH und der Friedrich-Alexander-Universität Erlangen-Nürnberg im Forschungsprojekt SWARM die Nutzung am Primärregelleistungsmarkt untersucht [SPBG17]. Die Solarstromspeicher mit einer Leistung von 20 kW, einer Kapazität von 18 kWh und einer Effizienz von 90 % werden primär zur Eigenverbrauchsoptimierung genutzt. Im sekundären Betrieb werden sie virtuell gebündelt zur Netzstabilisierung genutzt. Für diesen Zweck sind 65 verteilte Speicher von Caterva zusammengeschlossen. Im Juli 2015 hat der virtuelle Großspeicher das Präqualifizierungsverfahren der Übertragungsnetzbetreiber erfolgreich abgeschlossen. Seit März 2016 vermarktet Caterva die Speicher über ein automatisiertes System am Intraday-Markt. Dabei werden die Gebotsmengen und Gebotshöhen automatisch berechnet und eingestellt [Cate16]. So sollen die Kosten für die Vermarktung geringer Mengen niedrig gehalten werden. Das System kann auch Kapazitäten Dritter integrieren.

Nutzer der Speicher von Caterva müssen 27.500 Euro investieren. Dafür verspricht Caterva neben der Eigenverbrauchsmaximierung kostenlose Wartung, Freistrom und einer nicht fixen Gemeinschaftsprämie von 1000 Euro im Jahr für einen Zeitraum von jeweils 20 Jahren. Im Dezember 2017 musste der Anbieter Caterva GmbH Insolvenz anmelden, welche in Eigenverwaltung durchgeführt werden kann. Grund soll nicht ein fehlendes Geschäftsmodell, sondern eine Finanzierungslücke gewesen sein [Enkh18]. Ende März 2018 wurde verkündet, dass die schwedische Alelion Energy Solutions das Unternehmen für 1,4 Mio. Euro aus dem Insolvenzverfahren gekauft hat [Ener18]. Für die Nutzer ging der Betrieb damit erstmal weiter bis knapp ein Jahr später auch die neue Gesellschaft Insolvenz anmelden musste.

Ein weiterer existierender Anbieter am Markt ist die Firma Sonnen. Mit dem eigenen Produkt SonnenBatterie bietet der Anbieter Speicher als Ergänzung einer Photovoltaikanlage an. Dabei haben die Speicher für Haushalte eine Größe von 5 bis 15 kWh, die Speicher für Gewerbe 24 bis 48 kWh. Der Anbieter Sonnen vermarktet die vernetzten Speicher am Regelleistungsmarkt und stellt sie für Redispatch-Maßnahmen dem Übertragungsnetzbetreiber Tennet zur Verfügung. Die Teilnehmer treten dabei der sogenannten sonnenCommunity bei. Für einen monatlichen Beitrag von 19,99 bis 29,99 Euro (je nach Größe der Photovoltaik-Anlage und des Stromverbrauchs) erhalten die Kunden eine Freistrommenge, welche den üblichen Jahresverbrauch abzüglich des selbst erzeugten Stroms decken soll. Übersteigt die Stromerzeugung der Photovoltaik-Anlage den Verbrauch und kann nicht eingespeichert werden, so nimmt Sonnen den Strom zum Preis der EEG-Vergütung ab. Sonnen hat im Jahr 2017 den größten Marktanteil mit knapp 20 % vor dem Hersteller E3/DC [FHKW18].

Der Anbieter Senec bietet Solarstromspeicher mit einer Kapazität zwischen 2,5 kWh und 10 kWh an. Nutzer des Speichers können der Cloud von Senec beitreten und erhalten eine Stromlieferung für eine monatliche Gebühr zwischen 14,95 Euro für 1.000 kWh Strom pro Jahr bis zu 92,95 Euro für 10.000 kWh Strom pro Jahr. Überschüssiger Strom der Photovoltaik-Anlage wird zum Preis der EEG-Vergütung abgenommen. Bis zum 31. Dezember 2016 bot Senec auch den Tarif Zero (vormals Economic genannt) an, mit welchem die Speicher am Regelleistungsmarkt genutzt werden [StSt17]. Die Kunden erhielten dafür kostenlosen Strom. Die Einstellung des Produktes begründet das Unternehmen mit Unsicherheiten bezüglich des EEG 2017 und der Pflicht zur Installation intelligenter Stromzähler, was zu weiteren Kosten geführt hätte.

Besitzer einer Batterie mit einer Kapazität von 12 kWh des Herstellers Fenecon können am Fenecon Energy Pool teilnehmen und erhalten so jährlich 1.000 kWh kostenlosen Strom. Dafür wird der Speicher von der Schweizer Firma Ampard zur Erbringung von Regelleistung vermarktet. Überschüssiger Strom aus der Photovoltaik-Anlage wird nicht nach EEG abgenommen, sondern zu Börsenpreisen abgekauft. Das unterscheidet das Konzept von Fenecon von anderen Anbietern.

Ampard ist auch an einem weiteren Projekt gemeinsam mit Audi beteiligt. Im Projekt Smart Energy Network werden Photovoltaik-Anlagen und Solarstromspeicher in Ingolstadt und Zürich miteinander vernetzt [Ampa18]. Neben einer Eigenverbrauchsoptimierung werden die Speicher am Primärregelleistungsmarkt eingesetzt.

Das Aachener Start-Up gridX bietet die sogenannte gridBox für 499 Euro an. Das Besondere an dem Produkt ist, dass es mit Herstellern von Speichern und Solar-Wechselrichtern kompatibel ist, die eine Drittanbieter-Schnittstelle zur Verfügung stellen. Momentan durchläuft gridX nach eigenen Angaben das Präqualifikationsverfahren. Kunden des Unternehmens können dann neben der Eigenverbrauchsmaximierung ihren Speicher zur Vermarktung an der Primärregelleistung bereitstellen. Wird überschüssiger Solar-Strom in das Netz eingespeist, verzichten die Kunden auf die EEG-Vergütung.

Weitere Projekte haben zwar Batteriespeicher zusammengeschlossen, sich aber nicht auf eine Vermarktung konzentriert. Sie nutzen die Speicher, um das Verteilnetz zu stabilisieren. In einem Projekt haben RWE und die Lechwerke den Ort Wertachau, südlich von Augsburg, mit acht Batteriespeichern, 23 Solaranlagen und drei Ladestationen für Elektroautos ausgestattet. Zusätzlich wird Potenzial für Demand Side Management erschlossen, indem 40 Waschmaschinen, Trockner und Geschirrspüler intelligent angesteuert werden können. Das gesamte System wird von einem Management System, „Smart Operator“ genannt, gesteuert, welches die erzeugte Leistung der Photovoltaikanlagen, den Speicherstand der stationären und mobilen Speicher und den momentanen Stromverbrauch minütlich auswertet und optimiert. In dem Projekt konnte gezeigt werden, dass die Aufnahmekapazität der Netze an erzeugter erneuerbarer Energie um 35 % gesteigert werden kann und Spannungsbandverletzungen minimiert werden [GPCS16]

Das Energieversorgungsunternehmen E.ON bietet unter dem Namen SolarCloud ein Produkt für Haushalte an. Sofern die Photovoltaik-Anlage und die restliche Steuertechnik von E.ON selbst stammen, kann der Haushalt an dem Projekt teilnehmen. Zusätzlich gibt es die Möglichkeit, einen Speicher zu installieren oder rein einen virtuellen Speicher, die SolarCloud, zu nutzen. Überschüssiger Solarstrom der eigenen Hausdachanlage wird, sofern er nicht sofort selbst verbraucht wird, dem Nutzerkonto auf der SolarCloud gutgeschrieben und kann dann zeitlich versetzt verbraucht werden. Die Speicherung erfolgt dabei nur virtuell, es werden also von E.ON nicht echte Cloud-Speicher genutzt. Eine weitere Vermarktung dezentraler Speicheranlagen kann somit auch nicht stattfinden.

EnBW bietet mit dem Produkt solar+ eine weitere Lösung an, mit welcher der Nutzer von einem virtuellen Speicher profitieren kann. Die verfügbaren Speicher haben eine Kapazität von 10 bis zu 40 kWh, wenn mehrere Speicher verknüpft werden. Überschüssiger Strom wird dem virtuellen Konto gutgeschrieben und kann später genutzt werden. Darüber hinaus können zwei weitere Zähler dem Nutzer zugeordnet werden, so dass auch Nachbarn oder andere Personen von der selbst erzeugten Energie der Photovoltaikanlage profitieren können. EnBW solar+ beinhaltet auch Angebote für einen inkludierten Strombezug. Über eine weitere Vermarktung der Stromspeicher gibt es keine Informationen.

Mit green2store, Caterva und Senec gibt es bereits Lösungen, welche dezentrale Speicher vernetzt und die Speicherleistung am Regelleistungs- oder Energiemarkt angeboten haben. Darüber hinaus gibt es Anbieter, welche zwar mit einer Cloud oder ähnlichen Konzepten werben, dabei aber nur ein normaler Stromliefervertrag vermarktet wird. Eine Nutzung der Speicher für eine sekundäre Nutzung wird nicht durchgeführt.

4 Aufbau des Simulationsmodells

Für die Berechnung der Auswirkungen von mehrfach genutzten Solarstromspeichern auf den Energiemarkt wird ein Fundamentalmodell des Energiemarktes entwickelt. In dem Modell wird ein perfekter Markt angenommen, die Erzeugungsanlagen werden also rein rational und anhand ihrer Grenzkosten eingesetzt. Weiterhin wird perfekte Voraussicht innerhalb eines Berechnungszeitraums unterstellt.

Das Modell ist ein gemischt-ganzzahliges Optimierungsmodell. Der Aufbau des Modells wird in der Softwareumgebung AIMMS [Biss99] umgesetzt. AIMMS ist eine Software, welche die Programmierung von Optimierungsmodellen über eine objektorientierte Umgebung und proprietäre Modellierungssprache ermöglicht. Die Modellbeschreibung wird erst beim Lösungsvorgang interpretiert und ist somit von den Lösungsalgorithmen getrennt. Das ermöglicht es, mehrere unterschiedliche Solver und Heuristiken zu nutzen ohne das Optimierungsmodell selbst zu ändern.

4.1 Überblick über das Gesamtmodell

Das Simulationsmodell besteht aus mehreren Modulen. Abbildung 25 gibt einen Überblick über das Gesamtmodell. Für jede Simulation werden mehrere Schritte durchlaufen. Als erstes werden aus den Eingangsdaten Szenarien gebildet, welche anschließend berechnet und ausgewertet werden können.

Aus einer SQL-Datenbank oder alternativ aus Excel-Dokumenten können die Eingangsdaten eingelesen werden. Die Sektion *Einheiten* besteht aus Informationen zu den konventionellen Kraftwerken, den Speichereinheiten und den Stromnetzen. Bei den konventionellen Kraftwerken werden Parameter eingelesen, welche die technischen Restriktionen und ökonomischen Randbedingungen zum Stillstand, der Anfahrt, dem Normalbetrieb und der Abfahrt beschreiben. Bei den Speichereinheiten wird die Lade- und Entladeleistung, der Wirkungsgrad und die Kapazität eingelesen. Die Einheit Stromnetze bedeutet, dass die Austauschleistung zwischen den Marktgebieten in das Szenario geladen wird.

Die Sektion *Zeitreihen* umfasst die Einspeiseleistungen für Windkraftanlagen, für Photovoltaikanlagen, für Biogasanlagen, für Wasserkraftanlagen und für sonstige Einheiten. Weiterhin werden Zeitreihen für die Brennstoffe Braun- und Steinkohle, Gas und Uran eingelesen. Die Zeitreihen für den Stromverbrauch enthalten die kumulierte Stromnachfrage in einem Marktgebiet. Ein weiterer Baustein der Zeitreihen sind die Kosten für CO_2-Zertifikate.

Als dritte Sektion in der Datenbank werden Informationen über den *Markt* gespeichert. Darunter werden das Marktdesign und die Strategien erfasst. Unter Marktdesign werden die Aufteilung der Marktgebiete, die Regelleistungsarten und der

Regelleistungsbedarf im Zeitverlauf definiert. Die Einheit Strategien kann genutzt werden, wenn die Berechnung des Strompreises geändert werden soll. Hierbei können dann zusätzliche Strategien der Erzeugungseinheiten implementiert werden. Auf den Einsatz der Erzeugungseinheiten hat das keinen Einfluss, diese werden immer nach ihren Grenzkosten optimiert.

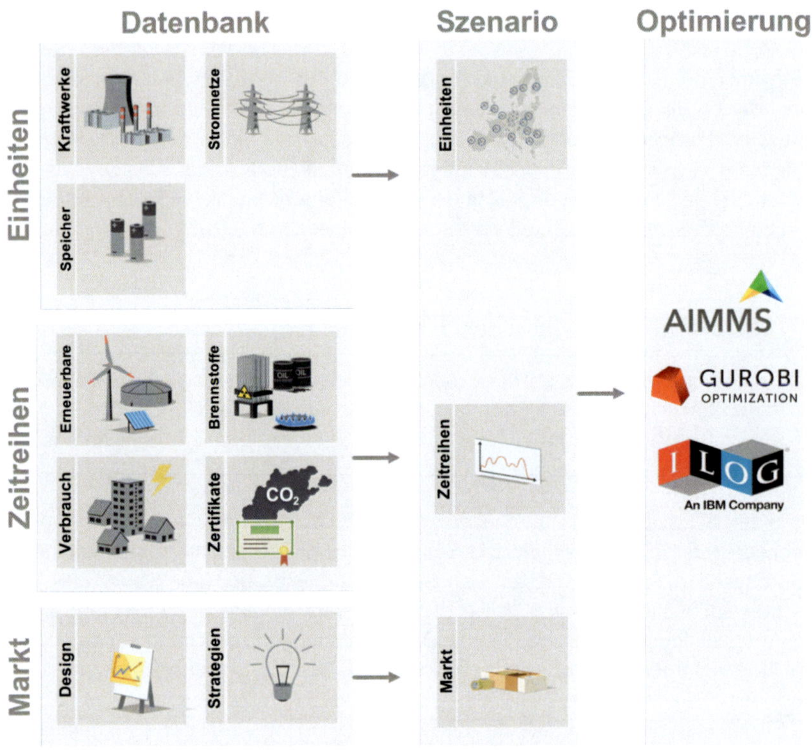

Abbildung 25: Simulationsmodell im Überblick

Aus den Eingangsdaten werden Szenarien gebildet. Ein Szenario enthält so immer eine Matrix aus Parametern. Je nach Szenario können unterschiedliche Marktgebiete genauer betrachtet werden oder unterschiedliche Zeiträume für die Berechnung gewählt werden. Jeder einzelne Parameter in einer Matrix kann individuell angepasst oder neu eingelesen werden, so dass Optimierungsdurchläufe mit wechselnden Fragestellungen möglich sind.

Das eigentliche Optimierungsmodell besteht aus einer mathematischen Formulierung der Zielfunktion und der Nebenbedingungen. Für die Berechnung eines Szenarios werden die Gleichungen von AIMMS entsprechend der mathematischen Formulierung und der eingelesenen Parameter gebildet und an den Solver übergeben. Die beiden üblichen Solver für gemischt-ganzzahlige Probleme sind Gurobi und CPLEX. Die Berechnung dauert je nach Anzahl der Gleichungen und Variablen einige Stunden bis zu mehreren Tagen.

4.2 Gemischt-Ganzzahlige Lineare Modelle

Allgemein gesprochen bedeutet Optimierung die Minimierung oder Maximierung einer Funktion f welche auf einem beschränkten Bereich S, dem Zustandsraum, definiert ist [Kall13]. Die Funktion f wird auch Zielfunktion genannt, die Lösung der Funktion ergibt den Zielwert. Der Zustandsraum S wird durch lineare Ungleichungen, den Hyperebenen, beschränkt. Die Menge an Ungleichungen bildet die Nebenbedingungen. Sind alle Freiheitsgrade linear, so ergibt sich ein lineares Programm. In vielen praktischen Untersuchungen spielen jedoch ganzzahlige bzw. diskrete Werte eine entscheidende Rolle. Die Bedingung für Ganzzahligkeit wird oft durch Ja/Nein oder An/Aus Entscheidungen notwendig.

Konventionelle Kraftwerke können an- oder ausgeschaltet sein. Bei zwei Zuständen ergibt sich eine binäre Variable. Es können aber auch mehrere Zustände definiert werden, dann können die Variablen ganzzahlige Werte in dem für sie definierten Bereich annahmen. So kann bei Kraftwerken auch ein Zustand „im Anfahren“ oder „im Abfahren“ definiert werden. Optimierungsprobleme mit sowohl linearen als auch ganzzahligen Bedingungen werden Gemischt-Ganzzahlige Lineare Optimierung oder häufig mit der englischen Bezeichnung als mixed integer linear programming (MILP) bezeichnet.

Bei der Einsatzplanung von konventionellen Kraftwerken oder anderen Erzeugungseinheiten sind oft nichtlineare Gleichungen zu berücksichtigen. So kann die Effizienz der Stromerzeugung nichtlinear von dem Verhältnis der aktuell erzeugten Leistung zur Nennleistung abhängen. Das resultierende Modell ist eine Gemischt-Ganzzahlige nichtlineare Optimierung. Diese Probleme sind jedoch heutzutage nicht effizient zu lösen, so dass die Nichtlinearitäten bei der Modellierung durch stückweise lineare Annäherungen vermieden werden.

Rein lineare Modelle sind sehr effizient bereits seit 1947 durch das Simplex-Verfahren zu lösen. Inzwischen sind auch hier weitere Lösungsverfahren wie das Innere-Punkte-Verfahren dazugekommen. Bei linearen Modellen hat der Lösungsraum die Form eines Polyeders, die optimale Lösung liegt auf einer der Ecken. Der Simplex-Algorithmus findet so immer das globale Optimum, indem er iterativ die Ecken durchläuft und die Lösung verbessert. Das Problem ist so in Polynomialzeit lösbar.

Gemisch-Ganzzahlige Modelle sind schwieriger zu lösen. Das Finden einer beweisbaren optimalen Lösung ist ein NP-schweres Problem. Zur Lösung des Problems gibt es heuristische und exakte Methoden oder auch Kombinationen aus beiden. Während heuristische Methoden nur eine zufällige Lösung finden dabei aber sehr schnell sind, finden exakte Methoden eine beweisbare optimale Lösung, wenn auch in sehr langer Zeit. Für gewöhnlich kommen in der Produktionsplanung exakte Lösungen zum Einsatz.

Anwender von Optimierungsmodellen können mit dualen Schranken eine Abschätzung treffen, wie hoch die Abweichung der gefundenen Lösung von der optimalen Lösung ist (Abbildung 26). Die duale Schranke der Lösung kann berechnet werden, indem die Ganzzahligkeit aufgelöst wird und das Problem auf ein lineares Programm reduziert wird. Das Vorgehen des Vereinfachens des Modells wird Relaxierung genannt. Der Zielwert Z_{MIP} des Gemischt-Ganzzahligen Problems kann dann mit der Lösung des linearen Problems Z_{LP} verglichen werden und beim Unterschreiten einer prozentualen Differenz, dem Optimalitätsgap (z.B. 0,5 %), wird die weitere Suche abgebrochen. Alternativ kann auch durch eine Zeitbeschränkung die bis zum Abbruch beste Lösung genutzt werden.

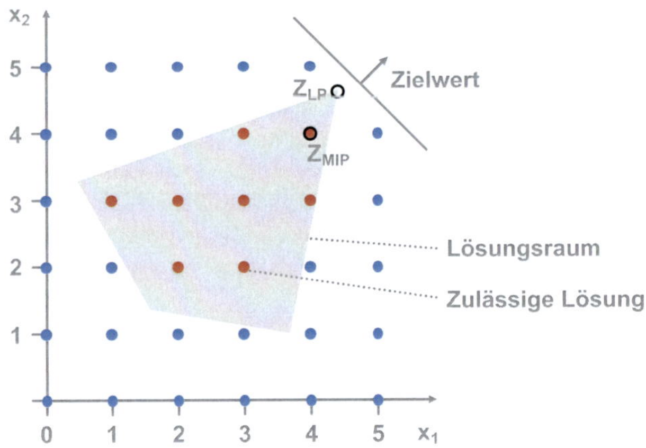

Abbildung 26: Graphische Darstellung eines gemischt-ganzzahligen Problems

Gemischt-Ganzzahlige Modellierungen haben erst seit ca. 1990 ein vermehrtes Interesse erfahren, als neue Lösungsansätze wie Branch&Bound oder Branch&Cut und immer schnellere Rechenkapazitäten eine Verbreitung gefunden haben. Inzwischen gibt es eine Vielzahl weiterer Lösungsmethoden und Ansätze, wie Rolling-Horizon, Benders Dekomposition oder Lagrange-Relaxierung.

Die Lösungszeit für Gemischt-Ganzzahlige Modelle hängt von spezifischen Eigenschaften des Modells und der gewählten Modellierung ab. Grob lässt sich sagen, dass eine höhere Anzahl an ganzzahligen Bedingungen die Komplexität erhöht, jedoch hängt von der Formulierung des Problems und den restlichen Nebenbedingungen ab, wie schnell ein Problem tatsächlich lösbar ist. So können Probleme mit einer kleinen Anzahl an ganzzahligen Variablen viel schwerer zu lösen sein als Probleme mit einer hohen Anzahl.

4.3 Mathematische Formulierung

Ein Optimierungsmodell besteht aus Variablen, Nebenbedingungen und der Zielfunktion. Die Standardform eines gemischt-ganzzahligen Problems ist in folgender Gleichung (4.1) dargestellt [Kall13, RoBi18].

$$\min_{x \in S} c^T x + d^T y,\ S := \{x, y | Ax \leq b, Tx + Qy \leq r, x \geq 0, y \geq 0\} \tag{4.1}$$

$c^T x + d^T y$ bezeichnet die Zielfunktion. Die Variablen $x \in \mathbb{N}_0$ können ganzzahlige Werte annehmen und die Variablen $y \in \mathbb{R}_0^+$ alle positiven kontinuierlichen Werte. Der Lösungsraum S wird durch die Nebenbedingungen aufgespannt. Die Ungleichungen $Ax \leq b$ und $Tx + Qy \leq r$ werden durch sogenannte Schlupfvariablen in Gleichungen umgewandelt, so dass das System am Ende die Form $Ax = b$ bzw. $Tx + Qy = r$ hat. Die Umwandlung wird durch den Präprozessor des Lösungsalgorithmus durchgeführt und muss somit in der Formulierung des Problems nicht berücksichtigt werden. Bei der Formulierung der Nebenbedingungen wurde aber berücksichtigt, dass die Modellierung in Form von Ungleichungen, dort wo möglich, bessere Resultate bei der späteren Optimierungsgeschwindigkeit erzielt. Der Grund ist, dass eine Ungleichung immer eine Relaxierung einer Gleichung ist und so einen größeren Lösungsraum aufspannt [Kall13].

4.4 Zielfunktion

Das Ziel des Modells ist es, die Gesamtkosten der Erzeugung zu minimieren. Alle im Folgenden dargestellten Formeln lassen sich auf die Form der Gleichung (4.1) zurückführen. In Formel (4.2) wird die Zielfunktion dargestellt. Sie setzt sich zusammen aus den über alle Zeitpunkte aufsummierten Anfahrkosten $c_{k,t}^{KSU}$ und $c_{a,t}^{ASU}$, den variablen Produktionskosten $c_{k,t}^{KFP}$ und $c_{a,t}^{AFP}$und den Abfahrkosten $c_{k,t}^{KSD}$ und $c_{a,t}^{ASD}$. Jeweils einmal implementiert für Kraftwerke und einmal für aggregierte Kraftwerke.

$$\min \sum_{k \in \mathcal{K}} \sum_{t \in \mathcal{T}} (c_{k,t}^{KSU} + c_{k,t}^{KFP} + c_{k,t}^{KSD}) + \sum_{a \in \mathcal{A}} \sum_{t \in \mathcal{T}} (c_{a,t}^{ASU} + c_{a,t}^{AFP} + c_{a,t}^{ASD}) \tag{4.2}$$

Es wird eine künstliche Schlupfvariable $p_{m,r,t}^{SRL}$ eingeführt, welche die Nebenbedingung der Regelleistungserbringung auf ein einfacheres Problem überführt. Die Bedingung gilt für alle Marktgebiete und alle Regelleistungsarten. Damit ist es möglich, dass zu hohen Kosten C^{SRL} auf die Vorhaltung von Regelleistung verzichtet werden kann. Wichtig ist, dass der Wert höher ist als die höchsten Kosten der Erbringung der Regelleistung durch eine andere Erzeugungseinheit, da ansonsten nur Regelleistung mit Hilfe der Schlupfvariable erbracht wird. Die Zielfunktion in Formel (4.2) kann bei Bedarf um folgenden Term in Formel (4.3) erweitert werden.

$$+\sum_{m\in\mathcal{M}}\sum_{r\in\mathcal{R}}\sum_{t\in\mathcal{T}} C^{SRL}\, p_{m,r,t}^{SRL} \tag{4.3}$$

Zum einen kann so bei zuerst unlösbaren Problemen dennoch eine Lösung gefunden werden und gleichzeitig werden die Zeitpunkte identifiziert, welche zur Unlösbarkeit des Modells geführt haben. Es lässt sich aber auch eine reale Interpretation anführen. So können die Kosten die gesellschaftlichen Kosten für das Verzichten auf Regelleistung darstellen, indem das Gesamtsystem ein höheres Ausfallrisiko erfährt.

In gleicher Weise kann eine zweite Erweiterung eingeführt werden (Formel (4.4)). Der Term beschreibt zum einen die Möglichkeit der Abregelung von erneuerbaren Energien $p_{m,t}^{AR}$, wofür die Kosten C^{SAE} anfallen. Es wird als Ergänzung die Möglichkeit geschaffen, Kaltreserve $p_{m,t}^{KR}$ zu aktiveren, wofür die Kosten C^{SKR} mit in die Zielfunktion übernommen werden. Beide Kosten sollten mindestens so hoch wie die höchsten Grenzkosten der thermischen Erzeugung sein.

$$+\sum_{m\in\mathcal{M}}\sum_{t\in\mathcal{T}} C^{SAE}\, p_{m,t}^{AR} + \sum_{m\in\mathcal{M}}\sum_{t\in\mathcal{T}} C^{SKR}\, p_{m,t}^{KR} \tag{4.4}$$

Eine zusätzliche Möglichkeit, die wirtschaftlichen Auswirkungen der Abregelung von erneuerbaren Energien auf das Gesamtoptimum zu bestimmen, bieten die aus einer Lösung des Optimierungsproblems ermittelbaren Schattenpreise (je nach Nutzung auch duale Variablen genannt). Schattenpreise entsprechen gewissermaßen einer Ableitung der Zielfunktion im optimalen Punkt und geben Auskunft über die Kosten von Nebenbedingungen [Kall13]. So kann für den optimalen Punkt und bei einer limitierenden Nebenbedingung bestimmt werden, wie hoch die Grenzkosten beim Verzicht oder beim Hinzufügen einer Energieeinheit erneuerbarer Energie sind.

4.5 Deckung der Nachfrage

Die erste Nebenbedingung (4.5) sorgt dafür, dass in jedem Marktgebiet zu jedem Zeitpunkt die Nachfrage gedeckt wird. Für die Nachfragedeckung werden zuerst die erneuerbaren Energien Wind, Photovoltaik, Biomasse und Laufwasser genutzt.

Weiterhin werden Zeitreihen für sonstige Erzeuger subtrahiert. Das können zum Beispiel Müllverbrennungsanlagen oder Anlagen mit Kraft-Wärme-Kopplung sein, welche unabhängig vom Energiemarkt eingesetzt werden. Die übrige Residuallast muss durch alle Kraftwerke $p_{k,t}^{KFP}$ in dem jeweiligen Marktgebiet, alle aggregierten Kraftwerke $p_{a,t}^{AFP}$, dem Entladen von Speicherleistung von Pumpspeicherkraftwerken $p_{s,t}^{AS}$, dem Entladen von mehrfach genutzten Solarstromspeichern $p_{m,t}^{CA}$ oder dem Import von Leistung aus benachbarten Marktgebieten $p_{m^\beta,m,t}^{AL}$ gedeckt werden. Die Nachfrage wird durch den Export von Energie $p_{m,m^\beta,t}^{AL}$ oder der Einspeicherleistung von Pumpspeicherkraftwerken $p_{s,t}^{ES}$ oder den mehrfach genutzten Solarstromspeichern $p_{m,t}^{CE}$ erhöht. Für jeden Zeitpunkt und für jedes Marktgebiet wird eine separate Gleichung erstellt.

$$\begin{aligned} P_{m,t}^{N} - P_{m,t}^{W} - P_{m,t}^{L} - P_{m,t}^{PV} - P_{m,t}^{B} - P_{m,t}^{S} + p_{m,t}^{AR} \\ + \sum_{m^\beta \in \mathcal{M}} p_{m,m^\beta,t}^{AL} + \sum_{s \in \mathcal{S}^m \subset \mathcal{S}} p_{s,t}^{ES} + p_{m,t}^{CE} \\ = \sum_{k \in \mathcal{K}^m \subset \mathcal{K}} p_{k,t}^{KFP} + \sum_{a \in \mathcal{A}^m \subset \mathcal{A}} p_{a,t}^{AFP} + \sum_{s \in \mathcal{S}^m \subset \mathcal{S}} p_{s,t}^{AS} \\ + \sum_{m^\beta \in \mathcal{M}} p_{m^\beta,m,t}^{AL} + p_{m,t}^{CA} + p_{m,t}^{KR} \\ \forall m \in \mathcal{M}, \qquad t \in \mathcal{T} \end{aligned} \tag{4.5}$$

Die Austauschleistung $p_{m,m^\beta,t}^{AL}$ von einem Marktgebiet m in das Marktgebiet m^β wird durch die maximale Kapazität der Interkonnektoren $P_{m,m^\beta,t}^{AL(m \to m^\beta)}$ begrenzt (4.6). Über die getrennte Formulierung über die Austauschrichtungen wird bestimmt, dass für jede Leistungsflussrichtung eine eigene Kapazität festgelegt werden kann. Für die Nebenbedingung in Formel (4.5) wird einmal die Summe über alle aus einem Marktgebiet laufenden Leistungen und einmal die Summe über alle in ein Marktgebiet laufenden Leistungen gebildet.

$$\begin{aligned} 0 < p_{m,m^\beta,t}^{AL} < P_{m,m^\beta,t}^{AL(m \to m^\beta)} \\ \forall\, m, m^\beta \in \mathcal{M}, \qquad t \in \mathcal{T} \end{aligned} \tag{4.6}$$

4.6 Erbringung der Regelleistung

Zu jedem Zeitpunkt muss die ausgeschriebene Regelleistung $P_{m,r,t}^{RL}$ durch Erzeugungseinheiten gedeckt werden. Die Regelleistung kann durch alle Kraftwerke und alle Speicher in einem Marktgebiet, jeweils durch ihre technischen Eigenschaften begrenzt, gemeinsam erbracht werden.

$$\sum_{k \in \mathcal{K}^m \subset \mathcal{K}} p_{k,r,t}^{KRL} + \sum_{s \in \mathcal{S}^m \subset \mathcal{S}} p_{s,r,t}^{KRL} = P_{m,r,t}^{RL} \qquad \forall\, m \in \mathcal{M}, \quad r \in \mathcal{R}, \quad t \in \mathcal{T} \tag{4.7}$$

Wird die Möglichkeit der Erbringung der Regelleistung durch eine Schlupfvariable genutzt und Formel (4.3) in die Zielfunktion aufgenommen, dann findet sich die Schlupfvariable auch in folgender Formel (4.8) wieder, welche Formel (4.7) ersetzt.

$$\sum_{k \in \mathcal{K}^m \subset \mathcal{K}} p_{k,r,t}^{KRL} + \sum_{s \in \mathcal{S}^m \subset \mathcal{S}} p_{s,r,t}^{KRL} + p_{m,r,t}^{SRL} = P_{m,r,t}^{RL} \qquad \forall\, m \in \mathcal{M}, \quad r \in \mathcal{R}, \quad t \in \mathcal{T} \tag{4.8}$$

4.7 Thermische Erzeugungsanlagen

Im Modell werden drei Zustände berücksichtigt, welche die Kraftwerke annehmen können.. Die Modellierung der Zustände und der daraus folgenden Randbedingungen werden in den folgenden Unterkapiteln erläutert.

4.7.1 Kraftwerkszustände

Im Zustand *Stillstand* ist ein Kraftwerk ausgeschaltet und erzeugt keine Leistung. Durch den Zustand *Anfahren* kann das Kraftwerk in den Zustand *Normalbetrieb* überführt werden. Die Definition der Zustände ist notwendig, weil die An- und Abfahrvorgänge eine durch einen Parameter bestimmte Anzahl an Zeitschritten benötigen. Die binäre Variable $\delta_{k,z,t}^{KW}$ nimmt den Zustand 1 an, wenn sich das Kraftwerk im jeweiligen Zustand befindet. Formel (4.9) definiert, dass sich jedes Kraftwerk immer in genau einem Zustand befinden muss.

$$\sum_{z} \delta_{k,z,t}^{KW} = 1 \qquad \forall\, k \in \mathcal{K}, \quad t \in \mathcal{T} \tag{4.9}$$

Über die Formel (4.10) wird festgelegt, dass sich ein Kraftwerk im Zustand *Anfahrt* befinden muss, sofern es im Zeitschritt vorher im Zustand *Stillstand* war und im gleichen Zeitschritt nicht mehr ist. So wird verhindert, dass ein Anfahrvorgang bei einem

Kraftwerk im Zustand *Normalbetrieb* erfolgt. Den Wechsel von *Anfahrt* zu *Normalbetrieb* ist in Formel (4.11) und von *Normalbetrieb* zu *Stillstand* in Formel (4.12) modelliert. In gleicher Weise können bei Bedarf weitere Zustände und deren Übergänge definiert werden.

$$\delta^{KW}_{k,'Anfahrt',t} \geq \delta^{KW}_{k,'Stillstand',t-1} - \delta^{KW}_{k,'Stillstand',t} \tag{4.10}$$

$$\delta^{KW}_{k,'Normalbetrieb',t} \geq \delta^{KW}_{k,'Anfahrt',t-1} - \delta^{KW}_{k,'Anfahrt',t} \tag{4.11}$$

$$\delta^{KW}_{k,'Stillstand',t} \geq \delta^{KW}_{k,'Normalbetrieb',t-1} - \delta^{KW}_{k,'Normalbetrieb',t} \qquad \forall\, k \in \mathcal{K}, \quad t \in \mathcal{T} \tag{4.12}$$

Bei thermischen Kraftwerken kann es aus technischen oder betriebswirtschaftlichen Überlegungen eine Mindeststillstands- und Mindestbetriebszeit geben. Solche Zeiten sollen einen überhöhten Anlagenverschleiß und eine unruhige Betriebsweise vermeiden, sind jedoch in der Praxis nicht zwingend vorgeschrieben [HBSW09]. Die Mindestbetriebszeit wird in Formel (4.13) definiert. Ein Kraftwerk kann in einem Zeitschritt, sofern es im vorherigen Zeitschritt im Zustand *Normalbetrieb* war, sich nur dann nicht im Zustand *Normalbetrieb* befinden, wenn es für die letzten Zeitschritte entsprechend seiner Mindestbetriebszeit ω_k^{An} bereits im Zustand *Normalbetrieb* war. Nur dann hat das Kraftwerk seine Mindestbetriebszeit erfüllt und es kann ausgeschaltet werden. Die Ungleichung ermöglicht aber auch, dass das Kraftwerk noch länger läuft.

$$\sum_{t^{\beta} \geq t-\omega_k^{An}}^{t} \delta^{KW}_{k,'Normalbetrieb',t} \geq \omega_k^{An}(\delta^{KW}_{k,'Normalbetrieb',t-1} - \delta^{KW}_{k,'Normalbetrieb',t}) \qquad \forall\, k \in \mathcal{K}, \quad t \in \mathcal{T} \tag{4.13}$$

Die Mindeststillstandszeit wird in Formel (4.14) definiert. Es wird die Summe über die letzten Zeitschritte gebildet, in denen sich das Kraftwerk nicht im Zustand *Normalbetrieb* befindet. Nur wenn diese Anzahl mindestens der Mindeststillstandszeit ω_k^{Aus} entspricht, ist die Ungleichung erfüllt, unabhängig ob eine Anfahrentscheidung getroffen wird und $\vartheta_{k,t} = 1$ ist. Ansonsten zwingt die Ungleichung zu $\vartheta_{k,t} = 0$.

$$\sum_{t^{\beta} \geq t-\omega_k^{Aus}}^{t} (1 - \delta_{k,'Normalbetrieb',t}^{KW}) \geq \omega_k^{Aus} \vartheta_{k,t} \qquad (4.14)$$

$$\forall\, k \in \mathcal{K}, \qquad t \in \mathcal{T}$$

4.7.2 Leistungsgrenzen im Normalbetrieb

Im Normalbetrieb kann ein Kraftwerk innerhalb seiner Mindestleistung und seiner Nennleistung elektrische Energie nach seinem individuellen Fahrplan erzeugen. Die erste Formel (4.15) legt fest, dass eine Lieferung von Energie laut Fahrplan nicht im Zustand *Stillstand* und *Anfahrt* möglich ist.

$$p_{k,t}^{KFP} \leq P_k^{KWN} \delta_{k,'Normalbetrieb',t}^{KW} \qquad (4.15)$$

$$\forall\, k \in \mathcal{K}, \qquad t \in \mathcal{T}$$

Weiterhin muss die erzeugte Leistung $p_{k,t}^{KFP}$ addiert mit der Summe aller vorgehaltenen positiven Regelleistungsarten $p_{k,r,t}^{KRL}$ eines Kraftwerks immer noch unter der Nennleistung P_k^{KWM} liegen (4.16).

$$p_{k,t}^{KFP} + \sum_{r \in \mathcal{R}^{+} \subset \mathcal{R}} p_{k,r,t}^{KRL} \leq P_k^{KWM} \delta_{k,'Normalbetrieb',t}^{KW} \qquad (4.16)$$

$$\forall\, k \in \mathcal{K}, \qquad t \in \mathcal{T}$$

Durch folgende Formel (4.17) wird definiert, dass die erzeugte Leistung $p_{k,t}^{KFP}$ immer höher als die Mindestleistung P_k^{KWM} ist, sofern das Kraftwerk im Normalbetrieb ist. Wird durch das Kraftwerk negative Regelleistung $p_{k,t}^{KFP}$ vorgehalten, so muss die erzeugte Leistung um den gleichen Wert höher sein, so dass bei voller Erbringung der negativen Regelleistung das Kraftwerk immer noch mindestens seine Mindestleistung erzeugt.

$$P_k^{KWM} \delta_{k,'Normalbetrieb',t}^{KW} \leq p_{k,t}^{KFP} - \sum_{r \in \mathcal{R}^{-} \subset \mathcal{R}} p_{k,r,t}^{KRL} \qquad (4.17)$$

$$\forall\, k \in \mathcal{K}, \qquad t \in \mathcal{T}$$

Jedes Kraftwerk kann technisch bedingt nur innerhalb bestimmter Rampen seine Leistung in positiver oder negativer Richtung ändern. In den Formeln (4.18) und (4.19) ist definiert, dass beide Rampen nicht über- bzw. unterschritten werden dürfen. Formel (4.18) gilt nicht, wenn im Zeitschritt vorher das Kraftwerk noch im Zustand *Anfahrt* war. Genauso gilt Formel (4.19) nicht, wenn das Kraftwerk im nächsten Zeitschritt sich im Zustand *Stillstand* befindet. Beides wird durch den in eckigen Klammern eingerahmten Teil der Formeln sichergestellt.

$$p_{k,t}^{KFP} \leq p_{k,t-1}^{KFP} + \zeta_k^{KW+} + [(1 - \delta_{k,'Normalbetrieb',t-1}^{KW})P_k^{KWN}] \tag{4.18}$$

$$p_{k,t}^{KFP} \geq p_{k,t-1}^{KFP} - \zeta_k^{KW-} - [(1 - \delta_{k,'Normalbetrieb',t+1}^{KW})P_k^{KWN}] \tag{4.19}$$

$$\forall\, k \in \mathcal{K}, \qquad t \in \mathcal{T}$$

4.7.3 Regelleistungserbringung durch thermische Kraftwerke

Thermische Kraftwerke können abhängig ihrer Rampen Regelleistung $p_{k,r,t}^{KRL}$ erbringen. Aus den Rampen berechnet sich somit der maximal mögliche Beitrag je Regelleistungsart, welcher im Parameter $P_{k,r,t}^{KRL}$ gespeichert wird. Weiterhin ist die Leistung immer positiv, weil negative und positive Regelleistungserbringung in jeweils einer eigenen Variablen gespeichert werden. Die Einhaltung der Grenzen wird in Formel (4.20) festgelegt.

$$0 \leq p_{k,r,t}^{KRL} \leq P_{k,r,t}^{KRL}$$

$$\forall\, k \in \mathcal{K}, \qquad r \in \mathcal{R}, \qquad t \in \mathcal{T} \tag{4.20}$$

Ein Kraftwerk kann nur Regelleistung erbringen, wenn es sich im richtigen Zustand befindet. In dem vorliegenden Modell wird zwischen zwei Technologien unterschieden: *Dampfturbinen* und *Gasturbinen*. Beide Technologien können in dem Zustand *Stillstand* keine Primärregelleistung erbringen. Während *Dampfturbinen* eine lange Anfahrtszeit haben und im Zustand *Stillstand* oder im Zustand *Anfahrt* keine Sekundär- oder Tertiärregelleistung erbringen können, können *Gasturbinen* mit ihrer geringen Anfahrtszeit an der Erbringung von (positiver) Minutenreserveleistung auch im Zustand *Stillstand* beitragen. Die Übersicht über alle Verknüpfungen bietet folgende Tabelle 7. Welche Technologie welche Regelleistung in einem Zustand erbringen kann, bestimmt sich aus der Anfahrtszeit des Kraftwerkes und den Anforderungen der Regelleistung, also wie schnell die Regelleistung erbracht werden muss (siehe dafür Kapitel 2.1.4).

Tabelle 7: Überblick über die Regelleistungserbringung von Kraftwerkstechnologien (1 bedeutet kann in dem Zustand erbracht werden, 0 heißt nicht möglich)

Technologie	*Zustand*	*Regelleistungserbringung*		
		PRL	SRL	MRL
Dampfkraftwerk	Stillstand	0	0	0
	Anfahrt	0	0	0
	Normalbetrieb	1	1	1
Gaskraftwerk	Stillstand	0	0	1
	Anfahrt	0	1	1
	Normalbetrieb	1	1	1

Die Einhaltung der Grenzen der Regelleistungserbringung wird in Formel (4.21) definiert. Der Parameter $\Psi_{k^\tau,z,r}$ speichert die Werte aus Tabelle 7.

$$p_{k,r,t}^{KRL} \leq P_{k,r,t}^{KRL}(1 - \delta_{k,z,t}^{KW} + \Psi_{k^\tau,z,r}) \qquad (4.21)$$
$$\forall\, k \in \mathcal{K}^\tau \subset \mathcal{K}, \qquad r \in \mathcal{R}, \qquad z \in \mathcal{Z}, \qquad t \in \mathcal{T}$$

Entscheidend ist, dass der Term auf der rechten Seite der Formel nur dann die Variable $p_{k,r,t}^{KRL}$ begrenzt, wenn sich das Kraftwerk in dem Zustand befindet (siehe Tabelle 8). Wenn sich ein Kraftwerk in einem Zustand befindet, in dem es eine bestimmte Regelleistungsart liefern kann, dann ist $p_{k,r,t}^{KRL} \leq P_{k,r,t}^{KRL}$, falls die Regelleistungsart nicht geliefert werden kann ist entsprechend $p_{k,r,t}^{KRL} = 0$. Wenn sich das Kraftwerk aber nicht in dem Zustand befindet, beschränken die Gleichungen nicht die obere Grenze von $p_{k,r,t}^{KRL}$.

Tabelle 8: Obere Grenze für $p_{k,r,t}^{KRL}$

$p_{k,r,t}^{KRL}$	$\delta_{k,z,t}^{KW}$	$\Psi_{k^\tau,z,r}$
$\leq P_{k,r,t}^{KRL}$	1	1
≤ 0	1	0
$\leq 2P_{k,r,t}^{KRL}$	0	1
$\leq P_{k,r,t}^{KRL}$	0	0

4.7.4 Anfahrt

Die Kosten für den Anfahrvorgang eines Kraftwerkes fallen an, wenn die Anfahrentscheidung getroffen wird. Die binäre Variable $\vartheta_{k,t}$ speichert, ob ein Kraftwerk in einem Zeitschritt anfährt ($\vartheta_{k,t} = 1$) oder nicht ($\vartheta_{k,t} = 0$). Indem nun die Variable mit den fixen Anfahrkosten multipliziert wird (Formel (4.22)) können für jeden Zeitschritt die Anfahrkosten $c_{k,t}^{KSU}$ berechnet werden.

$$c_{k,t}^{KSU} = \vartheta_{k,t} C_k^{KSU}$$
$$\forall k \in \mathcal{K}, \qquad t \in \mathcal{T} \tag{4.22}$$

Die Variable für die Anfahrentscheidung wird in Formel (4.23) definiert, indem die Zustände $\delta_{k,z,t}^{KW}$ für zwei aufeinanderfolgende Zeitschritte für den Normalbetrieb und für die Anfahrt verglichen werden. Die Formel gilt somit für den Fall, dass ein Kraftwerk keine Anfahrtszeit hat und direkt aus dem Stillstand in den Normalbetrieb gehen kann und für den Fall, dass ein Kraftwerk aus dem Stillstand anfährt und dann in den Normalbetrieb wechselt. Im ersteren Fall fallen die Anfahrkosten an, wenn der Zustand für Normalbetrieb im Zeitschritt vorher gleich Null war und im Zeitschritt später gleich Eins. Im letzteren Fall werden die Anfahrkosten für den Zeitpunkt t angerechnet, wenn das Kraftwerk aus dem Stillstand in den Zustand Anfahrt wechselt. Die Anfahrkosten fallen dann beim Wechsel des Zustands Normalbetrieb nicht erneut an, da sich die Terme für Normalbetrieb und Anfahrt aufheben. Das Ergebnis ist entweder $\vartheta_{k,t} \geq -1$, was zu $\vartheta_{k,t} = 0$ führt oder $\vartheta_{k,t} \geq 1$, was zu $\vartheta_{k,t} = 1$ führt. $\vartheta_{k,t}$ kann als binäre Variable nur diese beiden Zustände annehmen. Es handelt sich bei der Zielfunktion um ein Minimierungsproblem, so wird es mit $\vartheta_{k,t} \geq -1$ bei einer optimalen Lösung nie zu dem Fall $\vartheta_{k,t} = 1$ kommen.

$$\vartheta_{k,t} \geq \delta_{k,'Normalbetrieb',t}^{KW} - \delta_{k,'Normalbetrieb',t-1}^{KW} + \delta_{k,'Anfahrt',t}^{KW} - \delta_{k,'Anfahrt',t-1}^{KW}$$
$$\forall k \in \mathcal{K}, \qquad t \in \mathcal{T} \tag{4.23}$$

Die Einhaltung der im Parameter T_k^{KSU} festgelegten Anfahrzeit wird über die Ungleichung in Formel (4.24) definiert. Der Term auf der rechten Seite entspricht, sofern der Anfahrvorgang beendet wird, immer der festgelegten Anfahrzeit. Die Ungleichung kann in einem Zeitschritt t nur dann erfüllt sein, wenn für die Zeitschritte davor (entsprechend der Anfahrzeit) das Kraftwerk bereits für die gleiche Anzahl im Zustand *Anfahrt* war. Ansonsten kann die Ungleichung nur erfüllt sein, wenn im Zeitschritt t das Kraftwerk weiterhin im Zustand *Anfahrt* bleibt.

$$\sum_{t^\beta \geq t-T_k^{KSU}}^{t-1} \delta^{KW}_{k,'Anfahrt',t^\beta} \geq T_k^{KSU}(\delta^{KW}_{k,'Anfahrt',t-1} - \delta^{KW}_{k,'Anfahrt',t}) \qquad (4.24)$$

$$\forall k \in \mathcal{K}, \qquad t \in \mathcal{T}$$

Während Formel (4.24) beschreibt, dass die Anfahrzeit nicht unterschritten wird, beschreibt Formel (4.25), dass die Anfahrzeit entsprechend nicht überschritten wird. Die Formulierung ist ähnlich, mit dem Unterschied, dass die maximale Anzahl an Zeitschritten für Zustand *Anfahrt* nicht größer als die Anfahrzeit des Kraftwerks sein darf.

$$\sum_{t^\beta \geq t-T_k^{KSU}}^{t} \delta^{KW}_{k,'Anfahrt',t^\beta} \leq T_k^{KSU} \qquad (4.25)$$

$$\forall k \in \mathcal{K}, \qquad t \in \mathcal{T}$$

Die letzte, das Anfahrverhalten modellierende Formel (4.26) legt fest, dass nach dem Anfahrvorgang das Kraftwerk seine Mindestleistung erzeugen muss. Die Ungleichung zwingt die erzeugte Fahrplanleistung jedoch nur dann zur Mindestleistung P_k^{KWM}, wenn im Zeitschritt vorher nicht bereits der Zustand *Normalbetrieb* war. Im letzteren Fall wird zur Mindestleistung die Nennleistung addiert und es gelten die normalen Grenzen für $p_{k,t}^{KFP}$.

$$p_{k,t}^{KFP} \leq P_k^{KWM} + P_k^{KWN} \delta^{KW}_{k,'Normalbetrieb,t-1} \qquad (4.26)$$

$$\forall k \in \mathcal{K}, \qquad t \in \mathcal{T}$$

4.7.5 Variable Kosten

Beim Betrieb eines thermischen Kraftwerkes fallen variable Kosten an. Diese bestehen aus Folgenden Bestandteilen:

- Brennstoffkosten
- CO_2-Zertifikate
- Sonstige variable Kosten

Erzeugt ein thermisches Kraftwerk elektrische Leistung, so wird ein Brennstoff verbrannt. Jedoch wird prozesstechnisch nur ein Teil der so erzeugten Wärme in elektrische Energie umgewandelt. Das Verhältnis von elektrischer Energie zu gesamter

Energie eines Brennstoffes wird durch den Wirkungsgrad eines Kraftwerkes beschrieben. Den höchsten Wirkungsgrad hat ein Kraftwerk, wenn es mit seiner Nennleistung betrieben wird. Wird der Wirkungsgrad über die Leistung eines Kraftwerkes aufgetragen, so ergibt sich eine nichtlineare Funktion. Da die variablen Kosten wiederrum vom Wirkungsgrad abhängen, ergibt sich auch für die Kostenfunktion ein nicht linearer Verlauf.

Zur Modellierung der nicht linearen Kostenfunktionen von Kraftwerken werden speziell geordnete Mengen vom Typ 2 (SOS2[6]) genutzt. Mengen vom Typ SOS2 sind geordnete Mengen, von denen höchsten zwei benachbarte Variablen einen Wert ungleich Null annehmen können [Kall13]. Abhängig der Anzahl an Stützstellen kann jede konvexe Funktion bei einem Minimierungsproblem ausreichend genau approximiert werden. In Abbildung 27 wird die Approximation der Kostenfunktion dargestellt. Es wird immer ein Segment der Kostenfunktion linear interpoliert. Durch die Gewichtung zweier benachbarter Werte eines Segmentes kann jeder Punkt der Funktion abgebildet werden.

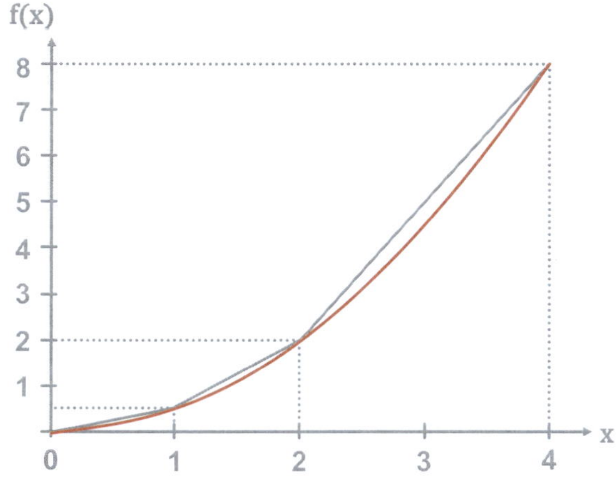

Abbildung 27: Stückweise Modellierung der nichtlinearen Funktion $f(x) = \frac{1}{2}x^2$

In dem vorliegenden Modell wird die Kostenfunktion der Kraftwerke mit zwei Segmenten vereinfacht. Eine höhere Anzahl an Segmenten erhöht die Rechenzeit deutlich, liefert aber kein anderes Ergebnis der Einsatzzeiten. Das erste Segment geht vom

[6] Für geläufig ist der englische Begriff „special ordered set of type 2“ oder kurz SOS2 anzutreffen.

Nullpunkt bis zur Mindestlast eines Kraftwerkes, das zweite Segment von der Mindestlast bis zur Nennleistung (Formel (4.27))

$$\vartheta^{X}_{k,p} = \begin{cases} 0, & p = 1 \\ P^{KWM}_{k}, & p = 2 \\ P^{KWN}_{k}, & p = 3 \end{cases} \qquad \forall\, k \in \mathcal{K}, \quad p \in \mathcal{P} \tag{4.27}$$

Für die korrekte Nutzung der SOS2-Funktion muss noch folgende Formel (4.28) implementiert werden. Sie stellt sicher, dass immer zwei benachbarte Werte der SOS2-Menge einen Wert ungleich Null annehmen können, die Summe aber immer gleich Eins ist. Als Eigenschaft für die Gleichung muss dem Solver des Optimierungsmodells ein Wert übermittelt werden, welcher festlegt, dass es sich bei der Gleichung um eine SOS2-Gleichung handelt.

$$\sum_{p} \lambda_{k,t,p} = 1 \rightarrow \mathrm{SOS2} \qquad \forall\, k \in \mathcal{K}, \quad t \in \mathcal{T} \tag{4.28}$$

Wird jedoch als Lösungsverfahren die Methode „Benders Dekomposition“ genutzt, dann muss Gleichung (4.28) abgeändert werden. Der Grund ist, dass bei der Lösung des Modells in der SOS-Nebenbedingung Variablen mit diskreten Werten erwartet werden, $\lambda_{k,t,p}$ hingegen eine kontinuierliche Variable ist. $\lambda_{k,t,p}$ kann nicht in eine Integer-Variable geändert werden, da ansonsten die Werte zwischen den Punkten in Formel (4.27) nicht mehr abgebildet werden können. Die Lösung ist, eine weitere binäre Variable $\gamma_{k,t,p}$ zu nutzen. Die Nebenbedingung in Formel (4.29) erzwingt, dass $\lambda_{k,t,p}$ immer kleiner als der binäre Operator $\gamma_{k,t,p}$ ist.

$$\lambda_{k,t,p} \leq \gamma_{k,t,p} \qquad \forall\, k \in \mathcal{K}, \quad p \in \mathcal{P}, \quad t \in \mathcal{T} \tag{4.29}$$

Anschließend wird die SOS2-Bedingung über die Nebenbedingung in Formel (4.30) festgelegt und bei Formel (4.28) entfernt. Die Formulierung der Nebenbedingung kann abweichend von Formel (4.28) getroffen werden, da immer nur zwei benachbarte Werte den Wert Eins annehmen können. Gemeinsam mit Formel (4.29) wird so über einen Umweg der gleiche Lösungsraum erzeugt. Bei der Lösung über das Branch&Bound-Verfahren wird dieser Schritt wieder rückgängig gemacht, da die zusätzlichen binären Variablen nur den Suchbaum vergrößern aber ansonsten keinen Vorteil bei der Modellierung haben.

$$\sum_{p} \gamma_{k,t,p} \geq 0 \rightarrow \mathrm{SOS2} \qquad \forall\, k \in \mathcal{K}, \quad t \in \mathcal{T} \tag{4.30}$$

Damit die Summe der Multiplikation aus Lambda-Operator $\lambda_{k,t,p}$ und dem Wert der Segmente immer genau dem Wert der Variablen für die erzeugte Fahrplanleistung entspricht, wird folgende Nebenbedingung in Formel (4.31) definiert.

$$p_{k,t}^{KFP} = \sum_{p} \lambda_{k,t,p} \vartheta_{k,t,p}^{X} \qquad \forall\, k \in \mathcal{K}, \quad t \in \mathcal{T} \tag{4.31}$$

Die den Segmenten entsprechenden Werte für die variablen Kosten auf der Ordinate werden durch die Modellierung in Formel (4.32) dargestellt.

$$\vartheta_{k,p,t}^{Y} = \begin{cases} 0, & p = 1 \\ \dfrac{P_k^{KWM}}{\mathrm{M}_k^{min}} (\Upsilon_k^{KW} C_t^{CO2} + C_k^{KWB} + C_k^{KWS}) \Delta t, & p = 2 \\ \dfrac{P_k^{KWN}}{\mathrm{M}_k^{max}} (\Upsilon_k^{KW} C_t^{CO2} + C_k^{KWB} + C_k^{KWS}) \Delta t, & p = 3 \end{cases} \qquad \forall\, k \in \mathcal{K}, \quad p \in \mathcal{P}, \quad t \in \mathcal{T} \tag{4.32}$$

Daraus lassen sich dann, wie in Formel (4.33) angegeben, die tatsächlich anfallenden variablen Kosten $c_{k,t}^{KFP}$ berechnen.

$$c_{k,t}^{KFP} = \sum_{p} \lambda_{k,t,p} \vartheta_{k,t,p}^{Y} \qquad \forall\, k \in \mathcal{K}, \quad t \in \mathcal{T} \tag{4.33}$$

Der Wirkungsgrad $\eta_{k,t}$ eines Kraftwerks für einen Zeitschritt lässt sich in gleicher Weise berechnen. In Formel (4.34) wird die Berechnung des Stützwerte $\pi_{k,p}$ angegeben.

$$\pi_{k,p} = \begin{cases} \mathrm{M}_k^{min}, & p = 1 \\ \mathrm{M}_k^{min}, & p = 2 \\ \mathrm{M}_k^{max}, & p = 3 \end{cases} \qquad (4.34)$$

$$\forall\, k \in \mathcal{K}, \qquad p \in \mathcal{P}$$

Aus den Stützwerten und mit dem bereits bestimmten Lambda-Operator $\lambda_{k,t,p}$ lässt sich dann der Wirkungsgrad für jedes Kraftwerk in jedem Zeitschritt bestimmen (Formel (4.35)).

$$\eta_{k,t} = \sum_{p} \lambda_{k,t,p} \pi_{k,p} \qquad (4.35)$$

$$\forall\, k \in \mathcal{K}, \qquad t \in \mathcal{T}$$

4.7.6 Kraft-Wärme-Kopplung

Die meisten KWK-Anlagen haben einen schlechteren Wirkungsgrad als reine Elektrizitätserzeugungsanlagen [Babr15]. Das führt dazu, dass die KWK-Anlagen in der Einsatzplanung des Fundamentalmodells nur selten berücksichtigt werden und somit das tatsächliche Ergebnis am Energiemarkt nur unzureichend abgebildet wird. Bei der Modellierung von KWK-Anlagen gibt es somit zwei Möglichkeiten, dass die Stromerzeugung der Anlagen berücksichtigt wird.

Zum einen kann die gesamte Nettoleistung der KWK-Kraftwerke von der Nachfrage subtrahiert werden, so dass die Residuallast gesenkt wird. Jeder Erzeugungstechnologie wird, sofern ein KWK-Anteil identifiziert wurde, für jeden Zeitschritt eine Untergrenze für die Erzeugung zugeordnet. Die Komplexität des Modells wird dadurch nicht erhöht, weil keine zusätzlichen Nebenbedingungen eingeführt werden. Werden Kraftwerke, welche über eine blockscharfe Modellierung abgebildet werden, damit pauschalisiert berechnet, führt der erste Ansatz aber zu einem ungenaueren Ergebnis als der zweite Ansatz. Die Vorgehensweise wird deshalb nur bei den aggregierten Kraftwerken angewendet.

Beim zweiten Ansatz wird für alle KWK-Anlagen, welche wärmegeführt betrieben werden, eine weitere Bedingung eingeführt (4.36). Sie sorgt dafür, dass das Kraftwerk in jedem Zeitschritt sich im Zustand *Normalbetrieb* befinden muss. So wird die Versorgung der Wärmeabnehmer sichergestellt und das Kraftwerk kann weiterhin unter den übrigen technischen Randbedingungen seine erzeugte Leistung anpassen. Der zweite Ansatz bildet damit die in der Realität beobachtete Vorgehensweise von KWK-Anlagen ab, bei niedrigen oder negativen Strompreisen die Erzeugung auf die Mindestleistung abzusenken [BETB17]. Die Anzahl der Variablen und Nebenbedingungen bleiben gleich. Die Freiheitsgrade des Modells reduzieren sich, weil für mehrere ganzzahlige Variablen die Lösung festgeschrieben wird. Dadurch wird auch der Suchbaum beim Branch&Bound-Verfahren kleiner, was tendenziell zu einer schnelleren Berechnung des Modells führt.

$$\sum_{z} \delta^{KW}_{k,\prime Normalbetrieb\prime,t} = 1 \qquad \forall\, k \in \mathcal{K}^{kwk} \subset \mathcal{K}, \qquad t \in \mathcal{T} \tag{4.36}$$

4.8 Aggregierte Kraftwerke

Ein Teil der Erzeugungsleistung kann über ein lineares Programm modelliert werden [Ewis10]. In der vorliegenden Arbeit werden so Marktgebiete abgebildet, welche nicht im Fokus der Untersuchungen stehen und somit eine blockscharfe Berechnung der Erzeugung nicht relevant ist. Dadurch lässt sich die Rechendauer des Gesamtmodells erheblich (um einige Tage) reduzieren.

Eine blockscharfe Auswertung der Erzeugungsanlagen ist in den restlichen Marktgebieten nicht notwendig. Dennoch werden die Kraftwerke technologiescharf modelliert. Das heißt, dass Braunkohle-, Steinkohle-, Gas- und Atomkraftwerke jeweils in einem eigenen aggregierten Kraftwerk zusammengefasst werden. So können die typischen Randbedingungen der einzelnen Technologien wie Mindestbetriebszeit, Mindestlast und Wirkungsgrade eingehalten werden.

Eine weitere Vereinfachung ist, dass keine Erbringung von Regelleistung durch aggregierte Kraftwerke berücksichtigt wird. Die Vereinfachung wird in Kauf genommen, da aggregierte Kraftwerke nur in den angrenzenden Marktgebieten modelliert werden, oder um geringe Restkapazitäten bei der blockscharfen Betrachtung abzubilden.

4.8.1 An- und Abfahrverhalten

Die maximalen Anfahrkosten C_a^{ASUmax} werden nach Formel (4.37) berechnet, indem die maximale Leistung P_a^{AKN} des aggregierten Kraftwerks mit dem Kostenfaktor für die Anfahrleistung C_a^{ASU} multipliziert wird. Die Berechnung findet vor der Optimierung statt, da die maximalen Anfahrkosten ihrerseits als Parameter in die Modellierung einfließen.

$$C_a^{ASUmax} = P_a^{AKN} C_a^{ASU}$$
$$\forall\, a \in \mathcal{A}, \qquad t \in \mathcal{T} \tag{4.37}$$

Die variablen Kosten $c_{a,t}^{ASU}$ für den Anfahrvorgang in einem Zeitschritt werden berechnet, indem die Leistung $p_{a,t}^{ASU}$, welche in dem Zeitschritt hochgefahren wird, mit dem Kostenfaktor für die Anfahrleistung C_a^{ASU} multipliziert wird (Formel (4.38)). Die Variable $c_{a,t}^{ASU}$ kann in einer zulässigen Lösung einen positiven Wert und höchstens die maximalen Anfahrkosten enthalten (Formel (4.39)).

$$c_{a,t}^{ASU} = C_a^{ASU} p_{a,t}^{ASU} \tag{4.38}$$

$$0 \leq c_{a,t}^{ASU} \leq C_a^{ASUmax} \tag{4.39}$$

$$\forall\, a \in \mathcal{A}, \qquad t \in \mathcal{T}$$

Die Anfahrleistung $p_{a,t}^{ASU}$ und die Abfahrleistung $p_{a,t}^{ASD}$ selbst müssen positiv, aber geringer als die maximale Leistung des aggregierten Kraftwerks sein (Formel (4.40) und (4.41)).

$$0 \leq p_{a,t}^{ASU} \leq P_a^{AKN} \tag{4.40}$$

$$0 \leq p_{a,t}^{ASD} \leq P_a^{AKN} \tag{4.41}$$

$$\forall\, a \in \mathcal{A}, \qquad t \in \mathcal{T}$$

Nachdem alle Variablen modelliert sind, fehlen noch vier Nebenbedingungen, um das Anfahrverhalten der aggregierten Kraftwerke zu beschreiben. Die ersten beiden Nebenbedingung in Formel (4.42) und Formel (4.43) definieren, dass die Anfahrleistung $p_{a,t}^{ASU}$ und die Abfahrleistung $p_{a,t}^{ASD}$ größer gleich der Differenz der bereits angefahrenen Leistung im gleichen Zeitschritt und dem vorherigen Zeitschritt ist, bzw. entsprechend anders herum für die Abfahrleistung. Der Term auf der rechten Seite kann so auch negativ werden, wenn die bereits angefahrene Leistung reduziert wird. In diesem Fall erzwingen die Grenzen aus Formel (4.40) und Formel (4.41), dass $p_{a,t}^{ASU} = 0$ und $p_{a,t}^{ASD} = 0$ gilt.

$$p_{a,t}^{ASU} \geq p_{a,t}^{AON} - p_{a,t-1}^{AON} \tag{4.42}$$

$$p_{a,t}^{ASD} \geq p_{a,t-1}^{AON} - p_{a,t}^{AON} \tag{4.43}$$

$$\forall\, a \in \mathcal{A}, \qquad t \in \mathcal{T}$$

Die folgende Nebenbedingung in Formel (4.44) beschreibt, dass die Mindeststillstandszeit eingehalten werden muss, bevor die gleiche Leistung des aggregierten Kraftwerks wieder angefahren werden kann. In einem Zeitschritt kann also nur die Leistung hochgefahren werden, welche nicht bereits angefahren ist und welche nicht während der Mindeststillstandszeit vor dem aktuellen Zeitschritt abgefahren wurde.

$$p_{a,t}^{ASU} \leq P_a^{AKN} - p_{a,t-1}^{AON} - \sum_{t^{\beta} > t - T_a^{AMS}}^{t^{\beta} < t} p_{u,t^{\beta}}^{ASD} \tag{4.44}$$

$$\forall\, a \in \mathcal{A}, \qquad t \in \mathcal{T}$$

Die letzte Nebenbedingung in Formel (4.45) definiert in gleicher Weise das Abfahrverhalten des aggregierten Kraftwerks. Ähnlich der Modellierung der Mindeststillstandszeit wird für die Mindestbetriebszeit die Leistung über die letzten Zeitschritte aufsummiert, welche angefahren wurde. Die Anzahl der Zeitschritte entspricht genau der Mindestbetriebszeit. Die Summe der angefahrenen Leistung reduziert die mögliche, abzufahrende Leistung von der gesamten Leistung, welche bereits angefahren ist.

$$p_{a,t}^{ASD} \leq p_{a,t-1}^{AON} - \sum_{t^{\beta} > t - T_a^{AMB}}^{t^{\beta} < t} p_{a,t^{\beta}}^{ASU} \tag{4.45}$$

$$\forall\, a \in \mathcal{A}, \qquad t \in \mathcal{T}$$

Für die Berechnung der Grenzen für das An- und Abfahrverhalten wird in Tabelle 9 der zeitliche Verlauf über neun Zeitschritte für ein aggregiertes Kraftwerk gezeigt

Tabelle 9: Beispiel der Berechnung der Grenzen für die An- und Abfahrleistung für ein aggregiertes Kraftwerk $a = 1$ mit: $T_1^{AMS} = T_1^{AMB} = 3$ und $P_1^{AKN} = 100$

t	1	2	2	4	5	6	7	8	9
$p_{1,t}^{AON}$	0	50	75	100	75	50	25	25	25
$P_1^{AKN} - p_{1,t-1}^{AON}$	100	100	50	25	0	25	50	75	75
$\sum_{t^\beta > t - T_a^{AMS}}^{t^\beta < t} p_{1,t^\beta}^{ASD}$	0	0	0	0	0	25	50	50	25
$p_{1,t}^{ASU} \leq$	100	100	50	25	0	0	0	25	50
$p_{1,t}^{ASU}$	0	50	25	25	0	0	0	0	0
$p_{1,t-1}^{AON}$	0	0	50	75	100	75	50	25	25
$p_{1,t}^{ASD} \leq$	0	0	0	0	50	50	50	25	25
$p_{1,t}^{ASD}$	0	0	0	0	25	25	25	0	0

Als letzter Bestandteil werden die Abfahrkosten $c_{a,t}^{ASD}$ für jeden Zeitschritt berechnet. Dafür wird in Formel (4.46) die abzufahrende Leistung $p_{a,t}^{ASD}$ mit dem Faktor für die Abfahrkosten C_a^{ASD} multipliziert.

$$c_{a,t}^{ASD} = C_a^{ASD} p_{a,t}^{ASD} \qquad \forall\, a \in \mathcal{A}, \quad t \in \mathcal{T} \tag{4.46}$$

4.8.2 Normalbetrieb

Die erzeugte Leistung im Normalbetrieb wird zur Deckung der Stromnachfrage erbracht. Die Fahrplanleistung kann nach Definition in Formel (4.47) nur zwischen Null und der maximalen Leistung des aggregierten Kraftwerks liegen.

$$0 \leq p_{a,t}^{AFP} \leq P_a^{AKN} \qquad \forall\, a \in \mathcal{A}, \quad t \in \mathcal{T} \tag{4.47}$$

Die weiteren Grenzen werden festgelegt, indem das Verhältnis von der erzeugten Fahrplanleistung zur gesamten angefahrenen Leistung gebildet wird (Formel (4.48)). Das Verhältnis hat als untere Grenze den Faktor ϱ_a^{AKM} für die Mindestlast (z.B. 0,4, wenn bei dem betrachteten Kraftwerk die Mindestlast bei 40 % der Nennleistung liegt) und als obere Grenze immer Eins, wenn die erzeugte Leistung der angefahrenen Leistung entspricht.

$$\varrho_a^{AKM} \leq \frac{p_{a,t}^{AFP}}{p_{a,t}^{AON}} \leq 1 \qquad (4.48)$$

$$\forall\, a \in \mathcal{A}, \qquad t \in \mathcal{T}$$

Ein aggregiertes Kraftwerk besteht aus vielen einzelnen Kraftwerksblöcken. Die möglichen Rampen zur Leistungssteigerung und Leistungsverringerung werden prozentual der angefahrenen Leistung angegeben, so dass aufgeteilt auf die einzelnen Kraftwerksblöcke die technischen Restriktionen eingehalten werden. In den Parametern ζ_a^{AK+} und ζ_a^{AK-} wird festgelegt, welcher prozentuale Anteil der angefahrenen Leistung die Änderungsrate der Fahrplanleistung von einem Zeitschritt zum nächsten begrenzt. In Formel (4.49) wird die Begrenzung bei einer Leistungserhöhung und in Formel (4.50) bei einer Leistungsverringerung definiert.

$$p_{a,t}^{AFP} \leq p_{a,t-1}^{AFP} + p_{a,t}^{AON}\,\zeta_a^{AK+} \qquad (4.49)$$

$$p_{a,t}^{AFP} \geq p_{a,t-1}^{AFP} - p_{a,t}^{AON}\,\zeta_a^{AK-} \qquad (4.50)$$

$$\forall\, a \in \mathcal{A}, \qquad t \in \mathcal{T}$$

4.8.3 Variable Kosten

Genauso wie bei der blockscharfen Optimierung werden auch bei der Modellierung der aggregierten Kraftwerke Brennstoffkosten C_a^{AKB}, Kosten für CO_2-Zertifikate C_t^{CO2} und sonstige variable Kosten C_a^{AKS} berücksichtigt. Die Werte der drei genannten Parameter der variablen Kosten sind jeweils für die Erzeugung einer MWh thermischer Energie festgelegt. In Formel (4.51) wird die Berechnung der variablen Kosten $c_{a,t}^{AFP}$ in Abhängigkeit der drei Parameter festgelegt.

$$c_{a,t}^{AFP} = (\Upsilon_a^{AK} C_t^{CO2} + C_a^{AKB} + C_a^{AKS}) \left[\frac{p_{a,t}^{AFP}}{\mathrm{M}_a^{AKmax}} + \frac{\mathrm{M}_a^{AKmax} - \mathrm{M}_a^{AKmin}}{\mathrm{M}_a^{AKmax}\mathrm{M}_a^{AKmin}}\, \varrho_a^{AKM} (p_{a,t}^{AON} - p_{a,t}^{AFP}) \right] \Delta t \qquad (4.51)$$

$$\forall\, a \in \mathcal{A}, \qquad t \in \mathcal{T}$$

Werden Kraftwerke blockweise optimiert, so erreichen sie jeweils bei ihrer Nennlast auch den höchsten Wirkungsgrad. Generell steigt der Wirkungsgrad je höher die erzeugte Leistung bei der Nennlast liegt. Bei aggregierten Kraftwerken wird ein ähnliches Verhalten modelliert. Der höchste Wirkungsgrad wird erreicht, wenn die erzeugte Leistung der hochgefahrenen Leistung entspricht. Wird mehr Leistung angefahren gehalten als benötigt wird, so sinkt der Wirkungsgrad entsprechend über den zweiten Term in der eckigen Klammer in Formel (4.51) und die Grenzkosten erhöhen sich.

4.9 Speicheranlagen mit konstanter Kapazität

Neben den Solarstromspeichern werden als Speicheranlagen Pumpspeicherkraftwerke betrachtet. Generell lassen sich aber alle Speicher abbilden, welche durch eine Ein- und Ausspeicherleistung mit entsprechendem Wirkungsgrad und einer Kapazität beschrieben werden können. Sollten sich zukünftig zentrale Batteriespeicher, Power2Gas oder Druckluftspeicher für die Nutzung an den Spotmärkten durchsetzen, so können diese Speichertechnologien ohne Modellerweiterung ebenfalls betrachtet werden.

Speicher nehmen am Energiemarkt teil, indem Leistung eingespeichert und zu einem späteren Zeitpunkt wieder ausgespeichert wird. Die Modellierung der Speicher berücksichtigt nur die technischen Randbedingungen. Eine Modellierung fixer oder variabler Kosten erfolgt nicht, weil Speicher selbst keine Energie erzeugen. Vielmehr helfen sie das Gesamtsystem zu optimieren und den Zielwert der Optimierung zu verringern.

Der Speicherstand $soc_{s,t}^{SP}$ in einem Zeitschritt muss immer innerhalb seiner Grenzen liegen, das heißt er muss größer als Null sein und kleiner als die maximale Speicherkapazität SOC_s^{SPmax} (siehe Formel (4.52)).

$$0 \leq soc_{s,t}^{SP} \leq SOC_s^{SPmax} \qquad \forall s \in \mathcal{S}, \quad t \in \mathcal{T} \tag{4.52}$$

Genauso muss die Einspeicherleistung $p_{s,t}^{ES}$ (Formel (4.53)) und die Ausspeicherleistung $p_{s,t}^{AS}$ (Formel (4.54)) immer positiv und unterhalb der Leistungsgrenzen liegen. Für die Ein- und Ausspeicherung sind zwei unterschiedliche Parameter notwendig, weil bei Pumpspeicherkraftwerken der Einspeichervorgang durch Pumpen und der Ausspeichervorgang durch Turbinen erfolgt. Aber auch bei anderen Speichertechnologien kann es unterschiedliche Ein- und Ausspeichercharakteristiken geben.

$$0 \leq p_{s,t}^{ES} \leq P_s^{ESmax} \tag{4.53}$$

$$0 \leq p_{s,t}^{AS} \leq P_s^{ASmax} \tag{4.54}$$

$$\forall\, s \in \mathcal{S}, \qquad t \in \mathcal{T}$$

Die letzte Nebenbedingung für die Modellierung der Speicher in Formel (4.55) definiert den Verlauf des Speicherstandes und verknüpft Leistung und Speicherstand miteinander. Der Speicherstand in einem Zeitschritt entspricht dem Speicherstand im vorherigen Zeitschritt plus der eingespeicherten und abzüglich der ausgespeicherten Leistung. Der Speicherstand gibt so immer den Zustand zum Anfang eines Zeitschrittes an.

Ein- und Ausspeicherung erfolgen typischerweise unter Wirkungsgradverlusten. Durch die Wirkungsgradverluste wird bei der Einspeicherung mehr Energie genutzt als tatsächlich eingespeichert wird. Bei der Ausspeicherung ist es genau andersherum, es wird mehr Energie aus dem Speicher entladen als in das Energiesystem eingespeist wird. Der Wirkungsgrad beim Einspeichern wird durch H_s^{SPE} definiert, beim Ausspeichern durch H_s^{SPA}.

$$soc_{s,t}^{SP} = soc_{s,t-1}^{SP} + \left(p_{s,t}^{ES}\mathrm{H}_s^{SPE} - \frac{p_{s,t}^{AS}}{\mathrm{H}_s^{SPA}}\right)\Delta t \tag{4.55}$$

$$\forall\, s \in \mathcal{S}, \qquad t \in \mathcal{T}$$

Die Selbstentladung von Speichern wird nicht betrachtet, weil der Anteil bei einer täglichen Zyklenfahrweise vernachlässigbar ist. Sollten Speicher in Simulationen als saisonale Speicher eingesetzt werden, so kann die Selbstentladung mit folgender Formel (4.56) umgesetzt werden, welche Formel (4.55) ersetzt. Die Selbstentladung ψ_s wird als prozentualer Anteil des Speicherstandes angegeben.

$$soc_{s,t}^{SP} = soc_{s,t-1}^{SP}(1 - \psi_s) + \left(p_{s,t}^{ES}\mathrm{H}_s^{SPE} - \frac{p_{s,t}^{AS}}{\mathrm{H}_s^{SPA}}\right)\Delta t \tag{4.56}$$

$$\forall\, s \in \mathcal{S}, \qquad t \in \mathcal{T}$$

4.10 Temporär verfügbare Speicher

Neben den Speicheranlagen mit einer festen Kapazität und Leistung werden mehrfach genutzte Solarstromspeicher modelliert. Das besondere an der Teilnahme von Solarstromspeichern am Energiemarkt ist, dass sie eine über die Zeit variable Kapazität und Leistung aufweisen. Es gibt in der Modellierung in jedem Marktgebiet nur einen temporär verfügbaren Speicher, welcher alle verfügbaren Kapazitäten von Solarstromspeichern zusammenfasst. In Formel (4.57) wird zuerst definiert, dass die Variable für den Ladezustand $soc_{m,t}^{CS}$ immer positive Werte annehmen muss und gleichzeitig immer unterhalb der oberen Grenze $SOC_{m,t}^{CSmax}$ liegen muss.

$$0 \leq soc_{m,t}^{CS} \leq SOC_{m,t}^{CSmax} \qquad \forall\, m \in \mathcal{M}, \quad t \in \mathcal{T} \tag{4.57}$$

Die nächsten zwei Ungleichungen legen die Grenzen für die Ein- und Ausspeicherleistung fest. Beide müssen positiv sein, zusätzlich muss die Einspeicherleistung $p_{m,t}^{CSE}$ in jedem Zeitschritt geringer als die maximale Einspeicherleistung $P_{m,t}^{CSEmax}$ sein (Formel (4.58)). Entsprechend muss die Ausspeicherleistung $p_{m,t}^{CSA}$ in jedem Zeitschritt geringer als die maximale Ausspeicherleistung $P_{m,t}^{CSAmax}$ sein (Formel (4.59)).

$$0 \leq p_{m,t}^{CSE} \leq P_{m,t}^{CSEmax} \tag{4.58}$$

$$0 \leq p_{m,t}^{CSA} \leq P_{m,t}^{CSAmax} \tag{4.59}$$

$$\forall\, m \in \mathcal{M}, \quad t \in \mathcal{T}$$

Die letzte Formel (4.60) modelliert den Speicherstand aller Solarstromspeicher $soc_{m,t}^{CS}$. Der Speicherstand entspricht dem Wert des vorherigen Zeitschritts und wird um die eingespeicherte Leistung $p_{m,t}^{CSE}$ und der ausgespeicherten Leistung $p_{m,t}^{CSA}$ addiert. Bei der Einspeicherung wird durch die Wirkungsgradverluste H_m^{CSE} mehr Energie genutzt als in den Speicher geladen wird, genauso wird bei der Ausspeicherung H_m^{CSA} mehr Energie aus dem Speicher entladen als in das Stromnetz eingespeist wird.

$$soc_{m,t}^{CS} = soc_{m,t-1}^{CS} + (p_{m,t}^{CSE}\mathrm{H}_m^{CSE} - \frac{p_{m,t}^{CSA}}{\mathrm{H}_m^{CSA}})\Delta t \qquad \forall\, m \in \mathcal{M}, \quad t \in \mathcal{T} \tag{4.60}$$

Eine Selbstentladung wird bei den Solarstromspeichern nicht betrachtet. Es wird als unrealistisch angesehen, dass Solarstromspeicher in der Zukunft als saisonale Speicher genutzt werden und so die Selbstentladung eine bedeutende Rolle spielt.

4.11 Lösungsverfahren

Von der Modellierungssoftware AIMMS werden alle Parameter eingelesen und entsprechend der Nebenbedingungen die Matrix A und der Vektor b aus Formel (4.1) erstellt. Theoretisch lässt sich die optimale Lösung ermitteln, indem alle möglichen Kombinationen durchprobiert werden. Praktischerweise erfordert solch ein Verfahren jedoch eine zu lange Zeit um für Simulationen eingesetzt zu werden. Für die Lösung von Optimierungsproblemen wurden somit mehrere Verfahren entwickelt, welche über Algorithmen zu einer beweisbaren optimalen Lösung oder über Heuristiken zu einer wahrscheinlichen optimalen Lösung kommen. Zur Lösung des in dieser Arbeit entwickelten Modells kommt das Branch&Bound-Verfahren zum Einsatz. Dieses Verfahren wird um den Ansatz des Rolling Horizon erweitert.

Eine weitere verbreite Technik ist die Lagrange-Relaxation. Bei diesem Verfahren wird die untere Schranke der Lösung eines Minimierungsproblems iterativ verbessert [RaCh14]. Problematische Nebenbedingungen werden vernachlässigt und stattdessen multipliziert mit einem Lagrange-Multiplikator mit in die Zielfunktion aufgenommen. Der Vorteil ist, dass auch sehr große Probleme in angemessener Zeit gelöst werden können. Der Nachteil ist jedoch, dass die Programmierung problemspezifisch ist und die Optimalität der Lösung mitunter nicht bewiesen werden kann. Durch steigende Rechenleistung dominiert in der Lösung von Kraftwerkseinsatzplanungen zunehmend das Branch&Bound-Verfahren [Oehs12].

Eine weitere Lösungsmöglichkeit sind Dekompositionsverfahren. In der vorliegenden Arbeit wurde Benders‘ Dekomposition eingesetzt, um ein alternatives Lösungsverfahren zum Branch&Bound-Verfahren zu ermöglichen. Benders‘ Dekomposition wurde in den letzten zwei Jahrzehnten immer wieder als Lösungsmethode für Kraftwerkseinsatzprobleme vorgeschlagen, spielt aber dennoch eine untergeordnete Rolle gegenüber dem Branch&Bound-Verfahren [AIMM13, EYPB10, LuSh05, MaSM97].

4.11.1 Branch & Bound

Das erste Verfahren zur Lösung des Modells wird Branch&Bound genannt. Branch&Bound ist eines der gängigsten Verfahren zur Lösung von gemischt-ganzzahligen Problemen [Kall13]. Das Verfahren basiert auf einer Relaxierung, also einer Vereinfachung des Problems LP_0, indem die Ganzzahligkeitsbedingung bestimmter diskreter Variablen vernachlässigt wird. Dieser Schritt wird LP-Relaxierung genannt. Es ergibt sich eine optimale Lösung, welche jedoch mit großer Wahrscheinlichkeit die

Ganzzahligkeitsbedingung nicht einhält. Gleichzeitig ist die gefundene Lösung der LP-Relaxierung die untere Schranke (bei einer Minimierung) des Problems, denn die zusätzliche Bedingung einer Ganzzahligkeit kann den Zielwert nur verschlechtern, weil sich der Lösungsraum verkleinert.

Im zweiten Schritt wird eine Variable mit verletzter Ganzzahligkeitsbedingung ausgewählt. Wird zum Beispiel für die erste ganzzahlige Variable aus Formel (4.1) als Lösung der LP-Relaxierung der Wert $x_1 = 4{,}3$ ermittelt, so verschränkt sich der Suchbaum auf zwei neue Unterprobleme, in denen der ganzzahlige Wert für x_1 festgeschrieben wird:

$$LP_1: LP_0 \oplus x_1 \leq 4$$

$$LP_2: LP_0 \oplus x_1 \geq 5$$

Wird für das erste Unterproblem LP_1 eine zulässige Lösung gefunden, welche die Ganzzahligkeitsbedingungen erfüllt, so ergibt sich eine neue obere Schranke mit dem Zielfunktionswert von LP_1. Jede optimale Lösung liegt zwischen der oberen und der unteren Schranke. Wird bei der Lösung des Unterproblems LP_2 ein Zielfunktionswert ermittelt, welcher über der oberen Schranke liegt, so muss der Knoten nicht weiter verzweigt werden. Liegt der Zielfunktionswert unter der aktuellen oberen Schranke, es sind jedoch nicht alle Ganzzahligkeitsbedingungen erfüllt, dann wird der Knoten weiter verzweigt.

Die Schritte aus LP-Relaxierung und Verzweigen werden so lange fortgesetzt, bis eine zulässige Lösung ermittelt wird, welche alle Ganzzahligkeitsbedingungen erfüllt oder der Zielfunktionswert über der oberen Schranke liegt. Liegt der Zielfunktionswert einer neuen Lösung unter der bisherigen oberen Schranke, so verringert sich die obere Schranke auf den neuen Zielfunktionswert.

Durch dieses Verfahren können große Teile des Suchbaums ausgeschlossen werden, indem nur Knoten betrachtet werden, welche unter der oberen Schranke liegen. Für das Durchlaufen der Knoten im Suchbaum gibt es mehrere Strategien. So werden bei der Breitensuche zuerst alle möglichen Werte einer Variablen untersucht, bei der Tiefensuche werden zuerst die Verzweigungen untersucht.

4.11.2 Rollierende Einsatzplanung

Bei der rollierenden Einsatzplanung wird eine bereits erfolgte Planung für eine bestimmte Periode aktualisiert. Wird zum Beispiel ein Solarstromspeicher optimiert und alle sechs Stunden erfolgt eine Aktualisierung der Prognose, so liegt die Periodenlänge bei sechs Stunden. Es werden immer mehrere Perioden gemeinsam optimiert, so zum Beispiel immer 24 Stunden. Nach der ersten Optimierung steht die Nutzung des Speichers für die ersten 6 Stunden fest und für die restlichen 18 Stunden gibt es einen vorläufigen Fahrplan. Dieser wird dann Periode für Periode bei Eintreffen der aktuellsten Prognosedaten aktualisiert.

Eine rollierende Einsatzplanung entspricht auch der Situation am Energiemarkt, bei welcher Entscheidungen unter Unsicherheit und mit Hilfe von Prognosen getroffen werden müssen. Die Einsatzplanung eines Kraftwerks richtet sich nach dem Energiemarkt und findet entsprechend rollierend statt. So erfordert die Vermarktung eines Kraftwerks am Day-Ahead-Markt, dass die Periode bei 24 Stunden liegt. Die Einsatzplanung erfolgt auf Basis der vorhandenen Prognosen für einen längeren Zeitraum, wird dann aber alle 24 Stunden aktualisiert, abhängig der Ergebnisse der Day-Ahead-Vermarktung. Diese Vorgehensweise wird in Abbildung 28 verdeutlicht. Die schwarze Linie kennzeichnet die Fahrplanenergie eines Kraftwerks, die blaue Linie die Eingangsdaten, in diesem Beispiel den erwarteten Day-Ahead-Preis. Alle 24 Stunden findet eine Optimierung statt und gleichzeitig wird die Prognose für den Day-Ahead-Preis aktualisiert. Der Optimierungszeitraum beträgt 72 Stunden. Davon sind die ersten 24 Stunden bereits festgelegte Werte aus vorhergehenden Optimierungen, die zweiten 24 Stunden sind der aktuelle Zeitraum welcher berechnet wird und für den folgenden Tag wird eine Prognose des Kraftwerkseinsatzes berechnet.

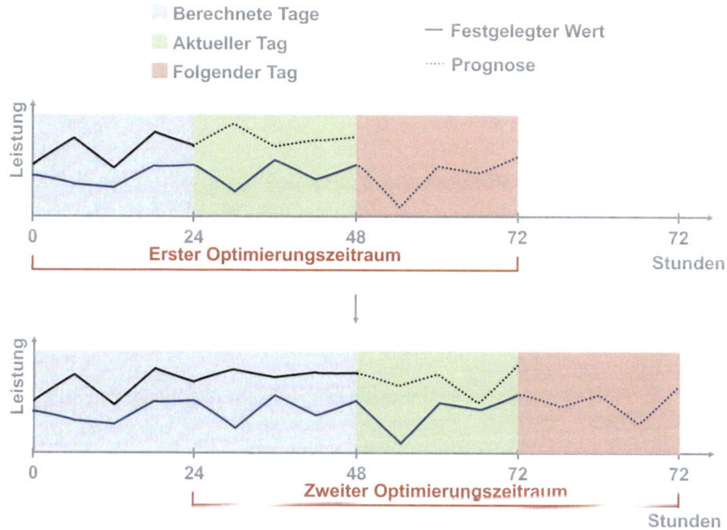

Abbildung 28 – Entwicklung der Einsatzplanung bei einer Periode von 24 Stunden

Die meisten Modelle von Energiemärkten, welche eine rollierende Einsatzplanung implementiert haben, nutzen Zeiträume von 4 bis 48 Stunden [BMCB17, Hube17, QiHK14, TuDO07].

Die rollierende Einsatzplanung kann aber auch genutzt werden, um die Berechnungsdauer für große Zeiträume zu reduzieren. So ergibt die Simulation mehrerer Monate oder eines ganzen Jahres ein sehr großes Optimierungsproblem, welches entsprechend lange Lösungszeiten erfordert. Durch die Aufteilung in kleinere Zeiträume und der Anwendung der rollierenden Einsatzplanung kann die Berechnungsgeschwindigkeit deutlich erhöht werden. Die Prognosen ändern sich dabei nicht für jede Periode, sondern die Eingangsdaten bleiben bei jeder Berechnung gleich. Werden lange Zeiträume als Planungsintervall genutzt (über eine Woche), dann sind die Unterschiede der Lösungen der rollierenden Einsatzplanung zur Lösung eines einzigen Modells mit langem Zeitraum zu vernachlässigen. Der Grund ist, dass die An- und Abfahrzeiten eines Kraftwerks deutlich geringer sind als der Planungsintervall und somit die Entscheidung für eine An- oder Abfahrt weniger ins Gewicht fällt.

4.11.3 Benders‘ Dekomposition

Die dritte implementierte Lösungsmethode nutzt ein Dekompositionsverfahren. Dekompositionsverfahren zerlegen ein großes Problem in kleinere Probleme, welche sich, im besten Fall, gemeinsam in geringerer Zeit lösen lassen [Kall13]. Eines der bekanntesten Verfahren wird Benders‘ Dekomposition genannt, welches 1962 veröffentlicht wurde [Bend62]. Das Problem wird in ein Master-Problem und mehrere Unterprobleme zerlegt. Die Unterprobleme sind lineare Probleme und daher schneller zu lösen als ein vergleichbares gemischt-ganzzahliges Problem. Variablen mit Ganzzahligkeitsbedingungen werden im Maser-Problem gelöst, so dass ein reines ganzzahliges Problem entsteht. Die grundlegende mathematische Formulierung aus Gleichung (4.1) kann auf die Form der Gleichung (4.61) angepasst werden, indem eine künstliche Variable η eingeführt wird, welche mit $\eta = d^T y$ definiert ist [CCKK10, RoBi18].

$$\min_{x,\eta \in S} c^T x + \eta,\ S := \{x, \eta | Ax \le b, \eta \ge \overline{\eta}, x \ge 0\} \tag{4.61}$$

Als erster Schritt wird das Master-Problem gelöst und die so ermittelten Werte x^* und η^* fixiert in das Unterproblem integriert, so dass sich ein rein lineares Problem ergibt (Formel (4.62)).

$$\min_{y \in S} d^T y\ ,\ S := \{y | Qy \le r - Tx^*, y \ge 0\} \tag{4.62}$$

Als nächster Schritt wird das duale Problem des Unterproblems gebildet und gelöst (Gleichung (4.63).

$$\max_{\pi \in S} r - \pi^T (Tx^*)\ ,\ S := \{\pi | \pi^T Q \ge d^T, \pi \ge 0\} \tag{4.63}$$

Ist die Lösung des dualen Problems mit den fixierten Variablen x^* kleiner oder gleich der Lösung des Master-Problems η^*, so ist eine gültige und optimale Lösung des ursprünglichen Problems gefunden und es muss nur noch das primale Problem in Gleichung (4.62) gelöst werden, um die vollständige Lösung auch für die Variablen y zu erhalten. Ist das nicht der Fall und somit das primale Problem unlösbar, so wird eine weitere Nebenbedingung (Benders-Schnitt) zum Master-Problem hinzugefügt (Formel (4.64)) und das Master-Problem erneut gelöst.

$$r - \overline{\pi}^T (Tx) \geq 0 \tag{4.64}$$

Der Algorithmus konvergiert nach einer endlichen Anzahl an Schritten mit einer guten oder optimalen Lösung, welche gleichzeitig eine Lösung des ursprünglichen, größeren Problems ist. Das Abbruchkriterium ist erreicht, wenn sich die obere und untere Schranke angenähert haben und die Differenz unter einem vorher festgelegten Wert liegt.

Der Vorteil von Benders‘ Dekomposition gegenüber der Lagrange-Relaxation ist, dass es gut automatisiert werden kann. So ist es nicht notwendig, bei jedem neuen Problem den Algorithmus zur Lösung anzupassen. Ein Nachteil ist jedoch, dass es schwer vorherzusagen ist, ob die Dekomposition einen positiven Effekt hinsichtlich der Berechnungsgeschwindigkeit hat oder nicht. Sofern die Anzahl der linearen Variablen im Vergleich zu den ganzzahligen Variablen klein ist, kann von einer Ineffizienz des Algorithmus ausgegangen werden [RoBi18]. In der Implementierung in AIMMS werden zwei Ansätze verfolgt. Zum einen die klassische in [Bend62] vorgeschlagene Methode und eine moderne Variante [RoBi18]. Der Unterschied ist, dass die Subprobleme in der modernen Variante nur gelöst werden, wenn der Solver für das ganzzahlige Problem eine Lösung gefunden hat.

Bei den in der vorliegenden Arbeit berechneten Szenarien liegt der Anteil der linearen Variablen bei gut 60 %, der Anteil der ganzzahligen Variablen somit bei 40 %. Theoretisch passt das Verhältnis gut zu Dekompositionsverfahren, jedoch wurde im Vergleich zum Branch&Bound-Verfahren nicht die optimale Lösung ermittelt. Der Vorteil der Lösungsmethode Benders‘ Dekomposition ist, dass das Verfahren schnell zu einer (nicht optimalen) Lösung kommt.

5 Auswirkungen der Mehrfachvermarktung auf das Gesamtsystem

Aus Kapitel 3 wurde deutlich, dass bereits heute bei Solarstromspeichern eine kumulierte Leistung von über 700 MW installiert ist. Je nach Prognose soll die gesamte Kapazität bis 2030 auf mehrere GW ansteigen. Um die Auswirkungen zu analysieren, werden Berechnungen mit dem Fundamentalmodell aus Kapitel 4 durchgeführt. Dafür sollen Szenarien gebildet werden, welche mit dem Basisjahr 2015 eine bestehende Situation und mit dem Jahr 2030 eine zukünftige Situation beschreiben. In diesem Kapitel werden als erstes die Eingangsdaten der Simulation beschrieben. Anschließend werden die Szenarien vorgestellt und die Ergebnisse analysiert.

5.1 Eingangsdaten für das Jahr 2015

Die benötigten Eingangsdaten ergeben sich aus Abbildung 25 in Kapitel 4. Es werden Daten zu den Einheiten, zu den Zeitreihen im Modell und für die Randbedingungen des Marktes benötigt. Alle benötigten Daten lassen sich aus öffentlichen Informationen zusammentragen. Wichtige Quellen sind hierfür die Bundesnetzagentur, die Übertragungsnetzbetreiber und das Verbundnetz ENTSO-E. Viele Daten zu thermischen Kraftwerken lassen sich außerdem der Literatur entnehmen. Im vorliegenden Modell wurden darüber hinaus, für eine höhere Genauigkeit, die öffentlichen Daten teilweise durch kommerziell verfügbare Quellen ergänzt.

Viele Quellen zu den Eingangsdaten weisen unterschiedliche Angaben auf. Aus diesem Grund werden im Folgenden mehrere Quellen und die zugehörigen Daten angegeben. Für die Berechnung der Szenarien wird dann ein einheitlicher Eingangswert verwendet, welcher eine möglichst harmonische Abbildung aller Quellen darstellen soll.

5.1.1 Thermische Erzeugungsanlagen

Die Daten zu den aggregierten Kraftwerken stammen aus [Ents16, Ents18b, Ents18a]. Es werden die Summen aller Kraftwerke einer Technologie (Kernenergie, Braunkohle, Steinkohle, Gas und Sonstige) genutzt und jeder Technologie in jedem Marktgebiet ein aggregiertes Kraftwerk zugeordnet. Die installierte Nettokapazität je Marktgebiet wird in Tabelle A4 im Anhang angegeben.

Die Daten zu den blockscharfen Kraftwerken stammen aus der Kraftwerksliste der Bundesnetzagentur [Bnet18b]. Einheiten in Luxemburg und Österreich werden in der Kraftwerksliste jedoch nur erfasst, sofern sie in das deutsche Netz einspeisen. Die Daten der Kraftwerksliste werden somit für Luxemburg und Österreich mit Daten aus dem Europäischen Kraftwerksverzeichnis von Energy Brainpool ergänzt, welches kommerziell verfügbar ist [Brai18]. Weitere Ergänzungen wurden durch eigene

Recherchen gemacht. Anlagen ab 100 MW werden blockscharf abgebildet. Alle Anlagen mit einer Leistung zwischen 10 MW und 100 MW werden als einzelne Anlagen erfasst. Sie werden jedoch aggregiert abgebildet, damit die Berechnungsdauer durch sehr viele kleine Anlagen nicht unverhältnismäßig hoch wird. Die Effizienz und andere Kennzahlen des aggregierten Kraftwerks orientieren sich dabei an den Werten der zusammengefassten Anlagen, um eine möglichst genaue Abbildung zu erreichen. Den Anteil an blockscharfen Kraftwerken und aggregierten Kraftwerken zeigt Tabelle 10.

In Deutschland werden alle Atomkraftwerke blockscharf abgebildet, da es hier auch keine Kraftwerke kleiner als 100 MW gibt. Bei Braunkohle und Steinkohle liegt der Anteil an der blockscharfen Modellierung bei ca. 95 %. Bei Gaskraftwerken werden 76,4 % der gesamten Erzeugungsleistung blockscharf modelliert. Kleinere Gaskraftwerke unter 100 MW sind weiterverbreitet als kleine Einheiten bei Braun- oder Steinkohlekraftwerken. Ähnliche Werte werden in Österreich erreicht, wobei hier nur Steinkohle- und Gaskraftwerke installiert sind. Der Kraftwerkspark für das Jahr 2015 in Luxemburg besteht aus nur einem Gaskraftwerk.

Tabelle 10: Anteil der blockscharfen Erzeugungseinheiten in der Modellierung in den Marktgebieten DE, AT und LU (Quelle der Daten: [Bnet18b, Brai18]).

Land	*Leistung*	*Kernenergie*	*Braunkohle*	*Steinkohle*	*Erdgas*
DE	Gesamte Leistung	12,068 GW	20,868 GW	29,91 GW	28,325 GW
	Blockscharfe Leistung	12,068 GW	19,795 GW	28,503 GW	21,634 GW
	Aggregierte Leistung	0 GW	1,073 GW	1,407 GW	6,691 GW
	Blockscharfer Anteil	100 %	94,9 %	95,3 %	76,4 %
AT	Gesamte Leistung	-	-	1,257 GW	3,353 GW
	Blockscharfe Leistung	-	-	1,163 GW	2,641 GW
	Aggregierte Leistung	-	-	0,094 GW	0,712 GW
	Blockscharfer Anteil	-	-	92,5 %	78,8%
LU	Gesamte Leistung	-	-	-	0,385 GW
	Blockscharfe Leistung	-	-	-	0,385 GW
	Aggregierte Leistung	-	-	-	0 GW
	Blockscharfer Anteil	-	-	-	100 %

Sowohl bei der aggregierten als auch bei der blockscharfen Modellierung müssen Nichtverfügbarkeiten der Gesamtleistung berücksichtigt werden. Ein Kraftwerk kann wegen einer geplanten Nichtverfügbarkeit durch Revision, Wartung und Brennstoffwechsel bei Atomkraftwerken für einige Tage bis Wochen nicht in Betrieb sein.

Geplante Nichtverfügbarkeiten werden vorwiegend im Sommer durchgeführt, da es hier durch eine geringere Last zu niedrigeren Preisen kommt. So wird erwartet, dass 85 % der geplanten Nichtverfügbarkeiten im Sommer durchgeführt werden. Es kann aber auch zu einem ungeplanten Ausfall kommen, wenn es zu technischen Fehlern auf Seiten des Kraftwerks oder am Netzanschlusspunkt kommt. In Tabelle 11 werden die Eingangsdaten zu den Nichtverfügbarkeiten angegeben.

Bei Kernkraftwerken in Deutschland schwankt die Nichtverfügbarkeit eines einzelnen Kraftwerks im Zeitraum 2007 bis 2017 von 4,32 bis 51,77 % [Bmwi18a]. Für das Jahr 2015 folgt eine durchschnittliche Nichtverfügbarkeit von 8,83 %. Im Jahr 2015 waren in Deutschland neun[7] Kernkraftwerke im Betrieb.

Tabelle 11: Ermittelte Nichtverfügbarkeiten der Kraftwerke im Jahr 2015 (Quelle der Daten: [Bmwi18a, Ents18a])

	Parameter	*Kernenergie*	*Braunkohle*	*Steinkohle*	*Erdgas (GT)*	*Erdgas (GuD)*
Ungeplant	Nichtverfügbarkeit pro Jahr	5 % bis 9 %	7,5 % bis 10 %	7,5 % bis 10 %	5 % bis 8 %	5 % bis 8 %
	Durchschnittliche Reparaturzeit	7 d	1 d	1 d	1 d	1 d
Geplant	Geplante Revisionstage pro Jahr	54 d	27 d	27 d	13 d	27 d
	Anteil der Revisionstage im Winter	15 %	15 %	15 %	15 %	15 %

Kraftwerke, welche ein lokales Nahwärmenetz oder einen Betrieb mit Prozessdampf versorgen, erhöhen ihre Effizienz. Der eingesetzte Brennstoff wird besser ausgenutzt und damit die Wirtschaftlichkeit des Kraftwerks erhöht. Braunkohle, Steinkohle und Gaskraftwerke können zur Stromerzeugung mit KWK genutzt werden. Es gibt die wärme- und die stromgeführte Betriebsweise.

Bei Kohlekraftwerken überwiegt die wärmegeführte KWK-Stromerzeugung, es kann somit kaum auf den Strompreis reagiert werden [BETB17, Rb14]. Bei Gaskraftwerken ist es im überwiegenden Fall andersherum, sie werden stromgeführt betrieben.

Aus den blockscharfen Listen kann eine gesamte Erzeugungsleistung von KWK-Anlagen von 48,4 GW ermittelt werden [Bnet18b, Brai18]. Das heißt jedoch nicht, dass die

[7] Am 27.06.2015 wurde das Kernkraftwerk Grafenrheinfeld abgeschaltet [HABE16]. So reduziert sich die Zahl der aktiven Kernkraftwerke für Berechnungen ab dem 27.06.2015 bis zum Ende des Jahres auf acht Stück.

gesamte Leistung auch als Must-Run-Leistung klassifiziert werden muss. Es können auch Anlagen mit einer nicht genutzten Anbindung an das Wärmenetz vorhanden sein oder Anlagen dienen als Reservekraftwerke bei der Wärmebereitstellung. Aus diesem Grund wird als zweite Kennzahl die tatsächlich von KWK-Anlagen erzeugte Energie genutzt. 2015 wurden von 610,1 TWh erzeugter elektrischer Energie 108,6 TWh aus KWK-Anlagen erzeugt, das ist ein Anteil von 17,8 % [Bmwi18a]. Eine aus diesen Zahlen berechnete das ganze Jahr durchlaufende Must-Run-Einheit hätte die Leistung von 12,4 GW. Es wird jedoch nur ein Anteil von 58 % aus wärmegeführten Kraftwerken produziert, der Rest wird von stromgeführten Kraftwerken produziert, welche nicht als Must-Run klassifiziert werden [Rb14]. Somit bleibt ein tatsächlicher Anteil von 7,2 GW übrig. In anderen Arbeiten wurde ein ähnlicher hoher pauschaler Anteil von 8,5 GW ermittelt, ohne die genaue Herleitung zu nennen [Heff15].

Genaue Werte zu der Aufteilung der KWK-Nutzung nach Jahreszeiten sind nicht vorhanden. Aus in anderen Studien gegebenen Zeitreihen kann ein ungefährer Anteil von 80 % der Erzeugung im Winter und 20 % im Sommer abgeschätzt werden [Babr15, Rb14].

Die Gesamtkapazität von 7,2 GW wird auf die einzelnen Erzeugungstechnologien im Modell gemäß der prozentualen Verteilung aus Tabelle 12 umgerechnet. Ein nicht in der Tabelle vermerkter Anteil von 36 % entfällt auf sonstige Technologien wie Abfall, welche im Modell als feste Zeitreihe implementiert werden.

Tabelle 12: Anteile von KWK an der Gesamtkapazität [Babr15, Rb14].

	Kernenergie	*Braunkohle*	*Steinkohle*	*Erdgas*
Anteil an der KWK-Erzeugung	0 % 0 GW	10,4 % 0,75 GW	21,4 % 1,54 GW	32,2 % 2,32 GW
Anteil Winter (80 %)	0 GW	0,6 GW	1,23 GW	1,86 GW
Anteil Sommer (20 %)	0 GW	0,15 GW	0,31 GW	0,46 GW

Die aus den Kraftwerkslisten als KWK-Anlagen identifizierten Einheiten werden so modelliert, dass sie sich immer im Zustand Normalbetrieb befinden müssen. Dabei wird der absolute Wert der tatsächlichen KWK-Erzeugung aus Tabelle 12 berücksichtigt. Es werden solange KWK-Anlagen als Must-Run-Einheiten in die Modellierung übernommen, bis die kumulierte Nennleistung der KWK-Kapazität entspricht. KWK-Anlagen als Must-Run-Einheit können dann für die Optimierung ihre Leistung zwischen der Mindestlast und Nennleistung variieren. Die Anlagen unterliegen genauso wie die übrigen Erzeugungsanlagen geplanten und ungeplanten Nichtverfügbarkeiten. Die Wärmeversorgung der angeschlossenen Verbraucher muss in einem solchen Fall von Ersatzanlagen bereitgestellt werden. Teilweise kommt es aber auch zu Einschränkungen in der Wärmeversorgung [Haz16].

In der Modellierung des Energiemarktes werden Kraftwerke neben ihrer oben vorgestellten Maximallast, der Nichtverfügbarkeit und der KWK-Nutzung noch durch weitere technische Parameter modelliert. Die Eingangsdaten werden in Tabelle 13 zusammengefasst. Je nach Studie werden unterschiedliche Parameter vorgeschlagen. Bei der blockscharfen Modellierung wird der für das Kraftwerk passende Wert genutzt, bei der aggregierten Modellierung wird ein Durchschnittswert angenommen.

Tabelle 13: Dynamische Parameter konventioneller Kraftwerke im Jahr 2015 (Quelle der Daten: [Dena10, Ents18a, GöSa16, HBSW09, Vde11])

Parameter	*Kernenergie (DT)*	*Braunkohle (DT)*	*Steinkohle (DT)*	*Erdgas (GT)*	*Erdgas (GuD)*
Anfahrzeit (heiß < 8 h)	6 h bis 12 h	4 h	2,5 h	0,25 h	1 h
Anfahrzeit (kalt > 48 h)	12 h bis 25 h	6 h bis 8 h	5 h	0,25 h	3 h bis 5 h
Mindestleistung	50 % bis 60 %	35 % bis 50 %	25 % bis 40 %	20 % bis 40 %	33 % bis 65 %
Mindeststillstandszeit	12 h	6 h bis 9 h	2 h bis 6 h	0 h	1 h
Mindestbetriebszeit	12 h	6 h bis 9 h	4 h bis 6 h	1 h	4 h
Wirkungsgrad bei Nennlast	35 %	37 %	35 % bis 40 %	30 % bis 40 %	52 % bis 58 %
Wirkungsgrad bei Minimallast	30 %	35 %	35 % bis 36 %	20 % bis 30 %	47 % bis 53 %
Leistungsänderungsgeschwindigkeit pro Minute	3,8 % bis 5,2 % (10 % ab 80 % P_{Nenn})	2 % bis 3 %	4 %	12 % bis 20 %	2 % bis 8 %

Die Anfahrzeit von Kraftwerken wird wesentlich von der Betriebstemperatur des Kessels bestimmt, welche mit zunehmender Stillstandszeit abnimmt. So kann ein Kraftwerk mit einer Stillstandszeit unter acht Stunden einen Heißstart durchführen, ab 48 Stunden Stillstandszeit spricht man von einem Kaltstart. Neben der Anfahrzeit bei einem Kaltstart, welche im Wesentlichen zum Vorheizen des Kessels genutzt wird, steigt auch der Brennstoffbedarf und damit die Anfahrkosten des Kraftwerks. Eine Ausnahme bilden Kernkraftwerke, bei ihnen wird die Anfahrzeit nicht durch die Kesseltemperatur bestimmt sondern durch den Betriebszustand des Reaktors und den genehmigungsrechtlichen Vorschriften beim Anfahren [HBSB10]

Ein weiterer Eingangsparameter für die thermischen Kraftwerke ist der spezifische CO_2-Emissionsfaktor (Tabelle 14). Der Faktor beschreibt, wie hoch die Freisetzung von CO_2 bei der Verbrennung eines Stoffes ist. Aus dem Emissionsfaktor wird so über den Wirkungsgrad die Emission von CO_2 pro erzeugter MWh elektrischer Energie berechnet. Der Wert fließt damit neben den Brennstoffkosten als ein Teil in die Berechnung der variablen Kosten ein. Der Emissionsfaktor ist bei allen Quellen nahezu gleich. Unterschiedliche Angaben sind darauf zurückzuführen, dass der Brennwert der Primärenergieträger je nach Herkunft und Qualität schwankt. Entscheidend für den Brennwert ist der Schwefel- und Wasserstoffgehalt, während der Kohlenstoffgehalt für die Freisetzung von CO_2 entscheidend ist [Juhr16].

Tabelle 14: Spezifischer CO_2-Emissionsfaktor je Brennstoffeinsatz in t/MWh_{th} (Quelle der Daten: [IcKu17])

	Kernenergie	*Braunkohle*	*Steinkohle*	*Erdgas*
Emissionsfaktor	0	0,407	0,337	0,201

Ein weiterer Teil der variablen Kosten sind die sonstigen Kosten (Tabelle 15). Damit werden alle Kosten beschrieben, welche nicht genau zugeordnet werden können.

Tabelle 15: Sonstige variable Kosten der Stromerzeugung

Studie	*Kernenergie*	*Braunkohle*	*Steinkohle*	*Erdgas (GT)*	*Erdgas (GuD)*
[Heit10]	5,10 €/MWh	5,00 €/MWh	13,00 €/MWh	0,50 €/MWh	1,20 €/MWh
[Ents18a]	9,00 €/MWh	3,30 €/MWh	3,30 €/MWh	1,60 €/MWh	1,60 €/MWh

Zu den Anfahrkosten von thermischen Kraftwerken finden sich in der Literatur nur wenige und dann widersprüchliche Angaben (Tabelle 16). Generell setzen sich die Anfahrkosten aus zwei Bestandteilen zusammen. Zuerst einem fixen Anteil, welcher den Einsatz von Personal, den Lebensdauerverbrauch der Anlage und die sonstigen Kosten beschreibt. Der zweite Kostenfaktor beschreibt die Brennstoffkosten und die Kosten für CO_2-Zertifikate, welche benötigt werden, um den Kraftwerkskessel auf Betriebstemperatur aufzuheizen.

Tabelle 16: Vergleich der Anfahrkosten thermischer Kraftwerke (für einen Kaltstart von 1 MW Kraftwerksleistung)

Studie	*Kernenergie*	*Braunkohle*	*Steinkohle*	*Erdgas (GT)*	*Erdgas (GuD)*
[Ents18a]	28 €/MW[8]	126 €/MW	134 €/MW	121 €/MW	22 €/MW bis 54 €/MW
[Babr15]	-	39 €/MW bis 57 €/MW	23 €/MW bis 37 €/MW		13 €/MW bis 21 €/MW

5.1.2 Speicher

Der letzte Punkt bei den Einheiten sind die Speicher. Die Eingangsdaten für die Pumpspeicherkraftwerke werden aus der Literatur und öffentlichen Quellen übernommen und sind in Tabelle A1 im Anhang zusammengefasst.

Als weitere Flexibilitätsoption werden Solarstromspeicher berücksichtigt. Die Eingangsdaten für die Solarstromspeicher werden über ein in der vorliegenden Arbeit entwickeltes Modell berechnet. In einem weiteren Schritt werden die ermittelten Berechnungen noch auf die Implementierung im Fundamentalmodell angepasst. Für jeden berechneten Tag des Durchschnittsspeichers wird die zugehörige erzeugte Energie der Photovoltaikanlage ermittelt. Die so über 24 Stunden erzeugte Energie wird ins Verhältnis zur maximal möglichen Energiemenge gesetzt (siehe Abbildung 29). Die prozentual erzeugte Energiemenge berechnet sich aus dem Verhältnis zu der erzeugten Energie, wenn die installierte Leistung 24 Stunden produziert hätte. Der gleiche Wert wird für den Simulationstag berechnet, indem die an dem Tag erzeugte Energie aus Photovoltaik im Verhältnis zur hypothetischen Energie über 24 Stunden gesetzt wird.

Jedem Tag der Simulation wird so ein passendes Profil des Durchschnittsspeichers zugeordnet. Neben dem passenden Profil werden die fünf vorderen und fünf folgenden Profile gewählt, so dass aus insgesamt elf Profilen der Durchschnitt gebildet wird. Das Vorgehen wird gewählt, um lokale Wettereinflüsse eines Tages zu minimieren, da die Wetterdaten für die Berechnung des Durchschnittsspeichers nur von einem Messstandort kommen.

---

[8] Angaben für einen Warmstart, keine Daten zu einem Kaltstart in der Studie vorhanden. Werte für einen Kaltstart sind aber vergleichbar, da die Brennstoffkosten bei einem Atomkraftwerk nur einen geringen Anteil der Startkosten ausmachen.

Abbildung 29: Aufteilung des Speicherprofils über ein Jahr nach erzeugter täglicher Energiemenge der Photovoltaikanlage

5.1.3 CO_2- und Brennstoffpreise

Viele der frei verfügbaren Daten sind stellenweise fehlerhaft oder es fehlen einige Werte. Somit müssen vor der Übertragung in die Simulation alle Werte überprüft und gegebenenfalls korrigiert werden. Liegen Daten nur stündlich vor, so findet für das viertelstündliche Modell eine Interpolation statt. Die Interpolation erfolgt aufgrund der Praktikabilität und der fehlenden Informationen über den tatsächlichen Verlauf innerhalb einer Stunde über lineare Splines [BHHM16]. Der Nachteil dieser Methode ist, dass ein linearer Spline an den Knoten nicht differenzierbar ist. Da jedoch die interpolierten Daten nicht weiter analysiert, sondern nur in die Modellierung übernommen werden sollen, ist das vernachlässigbar.

Unter dem Punkt Zeitreihen werden zuerst die Einspeiseleistungen der erneuerbaren Energien und der Stromverbrauch zusammengefasst. Für jedes Marktgebiet im ENTSO-E Gebiet können die Daten von der Transparenzplattform der ENTSO-E entnommen werden. Für die erneuerbaren Energiequellen sind die Zeitreihen für Biomasse, Wasser, Wind und Solar abrufbar. Weiterhin sind auf der Plattform auch Informationen über die Ausschreibungen zu den verschieden Regelleistungsarten verfügbar. Da die Bereitstellung von Regelleistung in den berechneten Szenarien nicht Fokus der Untersuchung ist, werden die Zeitreihen dafür vernachlässigt und ein konstanter Wert genutzt.

Weiterhin werden als Zeitreihen Informationen über Brennstoffpreise benötigt. Die Entwicklung der Importpreise von Primärenergieträgern hängt von mehreren Einflussfaktoren ab. Dazu zählen die Ausbeutung neuer Vorkommen, Wechselwirkungen zwischen den Preisen zweier Primärenergieträger, geopolitische Entwicklungen und andere Krisen oder wirtschaftliche Entwicklungen [HABE16, Paul09]. Die Preise für das Jahr 2015, welche als Eingangsdaten für das Modell dienen, werden in Tabelle 17 dargestellt. Es ist ersichtlich, dass Braunkohle nur in heimischer Produktion gefördert wird. Der Energiegehalt ist so gering, dass sich ein überregionaler oder weltweiter Transport wie bei Steinkohle nicht lohnt [Heit10]. Zusätzlich liegen die deutschen Braunkohlevorkommen so günstig, dass ein wirtschaftlicher Abbau mit leistungsfähiger Tagebautechnik möglich ist [HABE16]. Bei Uran, Steinkohle und Erdgas ist Deutschland vom Import und damit von den Preisen für Primärenergieträger am Weltmarkt abhängig. Erdgas wird hauptsächlich aus den Niederlanden, Norwegen und Russland bezogen [Bmwi18a]. Steinkohle wird weltweit gehandelt und stammt 2015 zu 73 % aus einem Land außerhalb der EU.

Bei Kernenergie und Braunkohle können die Transportkosten vernachlässigt werden. Bei Steinkohle kann ein pauschaler Aufschlag von 1,25 €/MWh_{th} und bei Erdgas von 0,50 €/MWh_{th} berücksichtigt werden [Rb14].

Tabelle 17: Grenzübergangspreis von Primärenergieträgern (Daten aus [Bmwi18a, Ents18a, HBSB10])

2015	*Kernenergie*	*Braunkohle*	*Steinkohle*	*Erdgas*
Importquote	100 %	0 %	88,4 %	90,2 %
Preis Winter	1,74 €/MWh_{th}	4,07 €/MWh_{th}	8,84 €/MWh_{th}	23,04 €/MWh_{th}
Preis Sommer	1,74 €/MWh_{th}	4,07 €/MWh_{th}	8,55 €/MWh_{th}	20,83 €/MWh_{th}

Der letzte Punkt, welcher als Zeitreihe implementiert werden soll, sind die Kosten für CO_2-Zertifikate. Die Informationen werden täglich von der EEX veröffentlicht. Der Verlauf für Anfang 2013 bis November 2019 wird in Abbildung 30 gezeigt. Sechs Jahre bis Anfang 2018 blieb der Preis vergleichsweise konstant unter 10 Euro. Anfang des Jahres 2018 stieg der Preis für ein CO_2-Zertifikat dann stark an und erreichte am 10. September 2018 mit 24,85 Euro seinen neuen Höchststand. Der Grund für die stark gestiegenen Preise sind knapper werdende Zertifikate [Gerd18]. 2019 setzte sich die Entwicklung fort, der Preis für ein CO_2-Zertifikat erreichte eine Höhe von knapp 30 Euro.

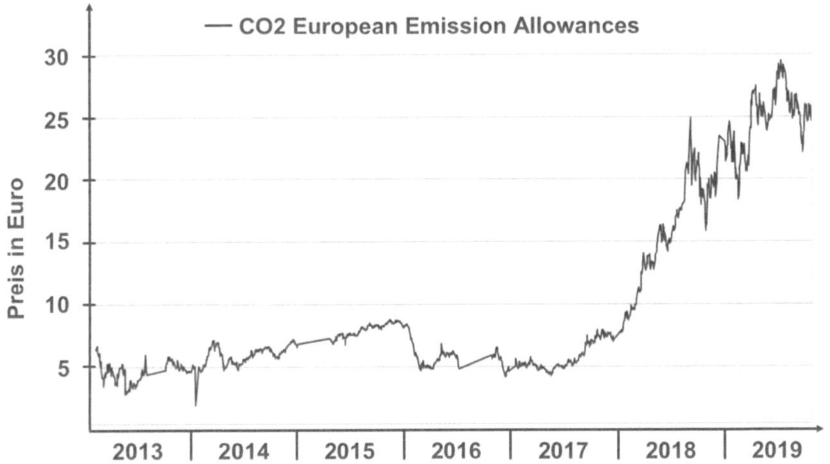

Abbildung 30: Preis für CO_2 European Emission Allowances (Quelle der Daten: EEX)

5.1.4 Marktgebiete und Austauschleistungen

Es wird das gesamte Gebiet der ENTSO-E (ausgenommen die Türkei) simuliert (siehe Abbildung 31).

Abbildung 31: Aufteilung nach blockscharfer und technologiescharfer Modellierung von Erzeugungseinheiten

Um den Rechenaufwand zu verringern wird die blockscharfe Berechnung auf das Gebiet Deutschland – Luxemburg – Österreich beschränkt Diese drei Länder haben (bis 01. Oktober 2018) die Allokation der Erzeugungseinheiten gemeinsam an der Strombörse der EPEX durchgeführt. In der Abbildung sind sie blau markiert. Die restlichen (grau markierten) Länder werden durch aggregierte Kraftwerke abgebildet. Dadurch ist es möglich, dass eine hinreichend genaue Berechnung stattfinden kann und der Rechenaufwand begrenzt wird.

Für die mögliche Austauschleistung zwischen zwei Ländern wird als Kennzahl die Network Transfer Capacity (NTC) aus dem Market Monitoring Bericht der EU-Regulierungsbehörde ACER genutzt [Acer15]. Die Werte werden in Abbildung A3 im Anhang dargestellt. Der NTC-Wert legt fest, welche Transportkapazität für die Energiemärkte zur Verfügung steht. Er berechnet sich aus der technisch möglichen Übertragungskapazität, der Total-Transfer-Capacity (TTC), abzüglich einer Sicherheitsmarge, der Transmission Reliability Margin (TRM) [Ents01]. Der NTC-Wert ist dabei kein fester Wert, sondern wird von den Übertragungsnetzbetreibern regelmäßig in Abhängigkeit der technischen Verfügbarkeit der Interkonnektoren und der Wettereinflüsse bestimmt. So ist der Wert im Sommer generell niedriger, da die thermische Belastbarkeit der Leitungen schneller erreicht ist. Die Werte unterscheiden sich aber auch je nach Lastflussrichtung aus einem Marktgebiet in ein anderes. Der Grund ist, dass jeder Netzbetreiber andere Werte für die TRM nutzt. Im Netz der TransnetBW wird zum Beispiel ein Erfahrungswert genutzt, indem die Wurzel aus der Anzahl der Kuppelstellen mit 100 MW multipliziert wird [Tran15].

5.2 Prognosen für das Jahr 2030

Historische Daten für das Berechnungsjahr 2015 können aus öffentlichen Quellen abgerufen werden. Für die Berechnungen im zukünftigen Jahr 2030 werden Prognosen benötigt. Das Jahr 2030 wurde gewählt, da es in einer Vielzahl an Studien als Jahr explizit betrachtet wird. Prognosen werden für den Preis für CO_2-Zertifikate, für die Entwicklung der Stromnachfrage, dem Anteil an erneuerbaren Energien und Brennstoffkosten benötigt. Weiterhin sind Informationen über die Entwicklung des Kraftwerkparks und die Austauschkapazitäten zwischen den Ländern notwendig. Sofern möglich werden Kosten mit nominalen Preisen angegeben. Die Prognosedaten werden genutzt, um die Eingangsdaten aus dem Jahr 2015 zu skalieren.

Als konstant werden die Ausfallwahrscheinlichkeiten der Kraftwerke angesehen. Für KWK-Anlagen wird eine Flexibilisierung durch Wärmespeicher erwartet, so dass keine wärmegeführte Stromerzeugung mehr notwendig ist. Die Entwicklung der NTC-Kapazitäten wird aus [Ents18a] übernommen und in Abbildung A4 im Anhang dargestellt.

In Tabelle 18 werden zuerst Prognosen zur Entwicklung der CO_2-Zertifikate gezeigt. Je nach Studie wird ein Preis von 26 bis 84 Euro erwartet.

Tabelle 18: Prognosen zur Entwicklung der Preise von CO_2-Zertifikaten bis 2030

Studie	*Preis*
[ScLL14]	40 Euro
[NPNH12]	26 Euro bis 45 Euro
[Iea16]	50 Euro bis 84 Euro
[HBSB10]	50 Euro

Auch bei der Stromnachfrage weisen die untersuchten Studien je nach Erscheinungsjahr und Autoren unterschiedliche Ergebnisse aus. Als Vergleich lag die Stromnachfrage im Jahr 2015 bei 576 TWh (netto) [Bmwi18a]. Die Prognosen der Studien in Tabelle 19 erwarten eine Stromnachfrage von 510 bis 701 TWh (netto). Prognosedaten für andere Marktgebiete werden aus [Ents18a] übernommen.

Tabelle 19: Prognosen zur Stromnachfrage in Deutschland im Jahr 2030

Studie	*Stromnachfrage*
[HHLW17] (Szenario Revolution)	701 TWh (netto)
[HHLW17] (Szenario Evolution)	656 TWh (netto)
[HBSB10]	571 TWh (netto)
[ScLL14]	559 TWh (brutto)
[NPNH12]	558 TWh (brutto)
[Ents16], Vision 1	548 TWh (netto)
[Ents16], Vision 2	520 TWh (netto)
[Ents16], Vision 3	510 TWh (netto)
[Ents18a] Szenario DG	558 TWh (netto)
[Ents18a] Szenario EUCO	576 TWh (netto)
[Ents18a] Szenario ST	547 TWh (netto)

In Tabelle 20 werden die Prognosen für die Entwicklung der erneuerbaren Energien unterschiedlicher Studien dargestellt. Prognosen für die anderen Länder wurden aus [Ents18a] übernommen.

Tabelle 20: Prognosen zur installierten Leistung erneuerbarer Energien in Deutschland im Jahr 2030

Studie	*Prognose*
[HHLW17] (Szenario Revolution)	Wasserkraft und Biomasse: 5,6 GW Wind onshore: 101 GW Wind offshore: 27 GW PV: 89 GW
[HHLW17] (Szenario Evolution)	Wasserkraft und Biomasse: 5,6 GW Wind onshore: 99 GW Wind offshore: 15 GW PV: 89 GW
[ScLL14]	Wasserkraft: 5,6 GW Biomasse: 7 GW Wind onshore: 48 GW Wind offshore: 11 GW PV: 68 GW
[NPNH12]	Wasserkraft: 5,6 GW Biomasse: 10 GW Wind onshore: 43,7 GW Wind offshore: 23,5 GW PV: 61 GW
[RGHH14]	Wasserkraft: 5 GW Biomasse: 11 GW Wind onshore: 66 GW Wind offshore: 25 GW PV: 65 GW
[Rb14]	Wasserkraft: 4,4 GW Biomasse: 4,7 GW Wind onshore: 57 GW Wind offshore: 15 GW PV: 67,9 GW
[Ents18a] Szenario DG	Wasserkraft: 4,3 GW Biomasse: 6,6 GW Wind onshore: 58,5 GW Wind offshore: 14,6 GW PV: 94,5 GW
[Ents18a] Szenario EUCO	Wasserkraft: 4,3 GW Biomasse: 8,5 GW Wind onshore: 59,9 GW Wind offshore: 9,5 GW PV: 81,5 GW
[Ents18a] Szenario ST	Wasserkraft: 4,3 GW Biomasse: 6,6 GW Wind onshore: 58,5 GW Wind offshore: 14,6 GW PV: 66,3 GW

Prognosen zur Entwicklung der Brennstoffpreise werden in Tabelle 21 angegeben. Braunkohle wird in den meisten Studien nicht mit einer eigenen Prognose angegeben, da es keinen internationalen Markt gibt.

Tabelle 21: Prognosen zur Entwicklung der Grenzübergangspreise von Brennstoffen bis 2030 (bei unterschiedlichen Angaben zu Einheiten wurde eine Umrechnung gemäß [Bmwi18a] durchgeführt)

Studie	*Prognose*
[HBSB10]	Nominale Preise: Erdgas: 34,60 €/MWh Steinkohle: 13,33 €/MWh Braunkohle: 7,42 €/MWh Uran: 4,22 €/MWh
[ScLL14]	Nominale Preise: Erdgas: 48 €/MWh Steinkohle: 22,36 €/MWh
[NPNH12]	Reale Preise, Preisbasis 2009: Erdgas: 36,10 €/MWh bis 64,98 €/MWh Steinkohle: ca. 14,44 €/MWh bis 28,88 €/MWh
[Iea16]	Reale Preise, Preisbasis 2015: Erdgas: 31,77 €/MWh Steinkohle: 9,75 €/MWh Uran: 1,96 €/MWh

Bei der Entwicklung des Kraftwerkparks in Deutschland ist zuerst der Kernenergieausstieg bis 2022 zu beachten [HHLW17]. Die Prognosen zu den restlichen thermischen Erzeugungskapazitäten werden in Tabelle 22 dargestellt. Bei der blockscharfen Abbildung werden die Anlagen entsprechend ihrem Stilllegungszeitpunkt, sofern bereits bekannt, aus der Liste entfernt. Danach wird beginnend mit der ältesten Anlage solange die Leistung reduziert, bis die restliche blockscharfe Leistung der prognostizierten Leistung entspricht.

Tabelle 22: Prognosen zur Entwicklung des Kraftwerkparks in Deutschland für das Jahr 2030

Studie	*Prognose*
[HHLW17] (Szenario Revolution)	Gaskraftwerke: 79 GW Braunkohle: 9 GW Steinkohle: 9 GW
[HHLW17] (Szenario Evolution)	Gaskraftwerke: 60 GW Braunkohle: 9 GW Steinkohle: 9 GW
[ScLL14]	Gaskraftwerke: 30 GW Braunkohle: 19 GW Steinkohle: 25 GW
[NPNH12]	Gaskraftwerke: 38,5 GW Braunkohle: 6,3 GW Steinkohle: 15 GW
[RGHH14]	Gaskraftwerke: 41 GW Braunkohle: 12 GW Steinkohle: 20 GW
[Rb14], Referenzszenario	Gaskraftwerke: 24,6 GW Braunkohle: 12,6 GW Steinkohle: 11,1 GW
[Ents18a] Szenario DG	Gaskraftwerke: 29 GW Braunkohle: 9,3 GW Steinkohle: 14,7 GW
[Ents18a] Szenario EUCO	Gaskraftwerke: 17 GW Braunkohle: 13,7 GW Steinkohle: 22,9 GW
[Ents18a] Szenario ST	Gaskraftwerke: 31 GW Braunkohle: 9,3 GW Steinkohle: 14,7 GW

Bei den dynamischen Parametern konventioneller Kraftwerke wird eine zunehmende Flexibilisierung der Einheiten erwartet. Neu installierte Kraftwerke werden entsprechend geplant und bestehende Erzeugungsanlagen durch Retrofit flexibilisiert. In Tabelle 23 werden die prognostizierten Parameter zusammengefasst.

Tabelle 23: Dynamische Parameter konventioneller Kraftwerke im Jahr 2030 (Quelle der Daten: [Dena10, Ents18a, GöSa16, HBSW09, Vde11])

Parameter	*Kernenergie (DT)*	*Braunkohle (DT)*	*Steinkohle (DT)*	*Erdgas (GT)*	*Erdgas (GuD)*
Anfahrzeit (heiß < 8 h)	6 h bis 12 h	2 h	2 h	0,25 h	0,5 h
Anfahrzeit (kalt > 48 h)	25 h	6 h	4 h	0,25 h	2 h
Mindestleistung	50 % bis 60 %	40 %	20 %	20 %	40 % bis 55 %
Mindeststillstandszeit	12 h	6 h	2 h	0 h	1 h
Mindestbetriebszeit	12 h	6 h	4 h	1 h	4 h
Wirkungsgrad bei Nennlast	35 %	45 %	46 %	35 % bis 40 %	54 % bis 60 %
Wirkungsgrad bei Minimallast	30 %	40 %	42 %	35 % bis 40 %	49 % bis 55 %
Leistungsänderungsgeschwindigkeit pro Minute	10 %	4 %	6 %	15 %	8 %

5.3 Untersuchte Szenarien

In der vorliegenden Arbeit werden die Auswirkungen der Solarstromspeicher auf das gesamte Erzeugungssystem untersucht. Für die Untersuchungen werden Szenarien gebildet, welche eine Analyse des Einflusses ermöglichen. Für jedes Szenario wird jeweils eine Winter- und eine Sommerwoche simuliert.

Als Basisjahr wird das Jahr 2015 gewählt. Für das Basisjahr wird zuerst ein Szenario A_0 gebildet, mit welchem das Modell validiert werden kann. Anschließend werden im Szenario A_1 der Einsatz der Solarstromspeicher über eine sequenzielle Nutzung und im Szenario A_2 über eine simultane Nutzung analysiert. Die durchschnittliche installierte Anzahl an Solarstromspeicher im Jahr 2015 liegt bei 25.000 Stück (siehe Abbildung 12). Diese Anzahl wird mit der verfügbaren Kapazität des Durchschnittsspeichers von 4,8 kWh multipliziert, so dass sich eine installierte Speicherkapazität von 120 MW ergibt. Die durchschnittliche freie Speicherkapazität ergibt sich, indem der berechnete Durchschnittswert bei der sequenziellen Nutzung von 22 % und bei der simultanen Nutzung von 55 % genutzt wird. Die drei gebildeten Szenarien werden in Tabelle 24 zusammengefasst.

Tabelle 24: Basisszenario für 2015 ohne und mit Nutzung der Solarstromspeicher

Szenario und Nutzung der Solarstromspeicher		*Installierte Speicherkapazität*	*Durchschnittliche freie Speicherkapazität*
A_0	Keine Nutzung	-	-
A_1	Sequenzielle Nutzung	120 MWh	26,4 MWh
A_2	Simultane Nutzung	120 MWh	66 MWh

In der ersten Parametervariation wird die Anzahl der Speicher auf den für das Jahr 2018 möglichen Wert von 120.000 Stück erhöht. Die anderen Eingangsdaten bleiben gleich. Das Szenario wird gewählt um zu untersuchen, wie sich eine steigende Anzahl an Solarstromspeichern auf die Nutzung der Speicher am Energiemarkt auswirkt. In Tabelle 25 werden die zwei Szenarien und die entsprechenden Daten gezeigt.

Tabelle 25: Szenario für 2015 mit einer erhöhten Anzahl an Solarstromspeichern

Szenario und Nutzung der Solarstromspeicher		*Installierte Speicherkapazität*	*Durchschnittliche freie Speicherkapazität*
B_1	Sequenzielle Nutzung	576 MWh	126,72 MWh
B_2	Simultane Nutzung	576 MWh	316,8 MWh

Anhand der Prognosen für das Jahr 2030 werden Szenarien gebildet, welche unterschiedliche Ausprägungen der Prognosen abbilden. Für das Basisszenario C_0 wird aus den Prognosen ein durchschnittlicher Wert für den Stromverbrauch, die installierte Leistung an erneuerbaren Energien und die installierte Leistung der thermischen Erzeugungsanlagen gebildet. Die Werte sind in Tabelle 26 dargestellt.

Kosten, welche nicht aus den Prognosen in der Literatur entnommen werden können, werden über eine jährliche Inflation von 2 % von 2015 bis zum Jahr 2030 gesteigert. Das betrifft die Anfahrkosten, die Brennstoffkosten für Braunkohle und die sonstigen Kosten. Ohne eine Anpassung der Kosten würde sich das Verhältnis von Anfahrkosten zu Brennstoffkosten verändern, so dass es günstiger wäre die Kraftwerke öfters an- und abzufahren.

Tabelle 26: Eingangsdaten für das Basisszenario 2030

Parameter	*Wert*
CO_2-Preis	45,00 €/t
Grenzübergangspreis Steinkohle	14,44 €/MWh_{th}
Grenzübergangspreis Gas	31,77 €/MWh_{th}
Grenzübergangspreis Uran	3,80 €/MWh_{th}
Stromverbrauch	550 TWh (netto)
Wasserkraft	5,6 GW
Biomasse	10 GW
Wind onshore	60 GW
Wind offshore	20 GW
Photovoltaik	80 GW
Gaskraftwerke	40 GW
Braunkohlekraftwerke	9 GW
Steinkohlekraftwerke	14 GW

In dem Basisszenario C_0 wird die Mehrfachvermarktung von Solarstromspeichern nicht implementiert. In drei weiteren Szenarien wird die Anzahl der Solarstromspeicher entsprechend den Prognosen aus Kapitel 3.2 angepasst. Der niedrigste prognostizierte Wert für das Jahr 2030 liegt bei 0,6 Mio. Speichern, der höchste Wert bei 1,7 Mio. Speichern. Die beiden Werte stellen damit einmal die Anzahl von Solarstromspeichern bei einer niedrigen Verfügbarkeit und bei einer hohen Verfügbarkeit dar. Die Anzahl bei einer mittleren Verfügbarkeit ergibt sich aus dem Mittelwert, also 1,15 Mio. Stück. In Tabelle 27 werden die Szenarien für das Jahr 2030 und die entsprechenden Eingangsdaten der Speicherkapazität der Solarstromspeicher zusammengefasst.

Tabelle 27: Basisszenario für 2030 mit unterschiedlicher Anzahl installierter Solarstromspeicher

Szenario und Nutzung der Solarstromspeicher		*Installierte Speicherkapazität*	*Durchschnittliche freie Speicherkapazität*
C_0	Keine Solarstromspeicher	-	-
C_1	Simultane Nutzung, niedrige Verfügbarkeit (0,6 Mio. Stück)	2,88 GWh	1,584 GWh
C_2	Simultane Nutzung, mittlere Verfügbarkeit (1,15 Mio. Stück)	5,52 GWh	3,036 GWh
C_3	Simultane Nutzung, hohe Verfügbarkeit (1,7 Mio. Stück)	8,16 GWh	4,488 GWh

Für die nächste Parametervariation wird der CO_2-Preis angepasst. Die Prognosen reichen von einem Preis von 26 €/t bis zu 84 €/t. Die Anzahl der Solarstromspeicher wird auf eine mittlere Verfügbarkeit fixiert. Das Vergleichsszenario ist das Szenario C_2, in welchem ein mittlerer CO_2-Preis von 45,00 €/t und eine mittlere Verfügbarkeit der Speicher bereits angenommen wird. Die Szenarien werden in Tabelle 28 dargestellt.

Tabelle 28: Szenarien zur Berechnung der Auswirkungen niedriger bis hoher Preise für CO_2-Zertifikate

Szenario und Nutzung der Solarstromspeicher		*CO_2-Preis*
D_1	Niedriger Preis	26,00 €/t
C_2	Mittlerer Preis (Vergleichsszenario)	45,00 €/t
D_2	Hoher Preis	84,00 €/t

Als letztes zu berechnende Szenario wird der Fall untersucht, dass es zu einer sogenannten Dunkelflaute kommt, also keine Einspeisung aus Photovoltaik- oder Windkraftanlagen vorhanden ist (Tabelle 29). Dabei wird die gesamte Erzeugung aus Photovoltaik- und Windkraftanlagen vernachlässigt. Biomasse- und Wasserkraftanlagen speisen unverändert ein. In der Sommerwoche wird so die Energie aus erneuerbarer Erzeugung um 5,38 TWh reduziert, in der Winterwoche um 0,99 TWh. Der kritischste Fall ist dabei in der Winterwoche, weil im Winter die Last höher ist als im Sommer [Bnet15]. Für die Zeit einer Dunkelflaute kann die Erzeugung aus Speichern nicht wirtschaftlich sichergestellt werden [BDJK16]. Sie können aber dazu dienen, dass die

Spitzenlast abgesenkt wird und somit von den übrigen konventionellen Erzeugungseinheiten eine geringere Leistung vorgehalten werden muss. In den übrigen Marktgebieten des ENTSO-E bleibt die Einspeisung aus erneuerbaren Energien unverändert, so dass überregionale Ausgleichseffekte über den Import und Export von Energie berücksichtigt werden.

Tabelle 29: Szenarien zu den Auswirkungen einer Dunkelflaute

Szenario und Nutzung der Solarstromspeicher		*Erzeugung aus Photovoltaik und Windkraft*
E_1	Dunkelflaute ohne Solarstromspeicher	0 TWh
E_2	Dunkelflaute mit Solarstromspeicher (1,15 Mio. Stück)	0 TWh

Insgesamt ergeben sich so 13 zu berechnende Szenarien mit jeweils einer Sommer- und Winterwoche.

5.4 Ergebnisse und Auswertung

Die berechneten Szenarien werden nach dem Beitrag der einzelnen Brennstoffe zur Energieerzeugung, den Auswirkungen der Speicher auf den Energiemarkt und der Nutzung der Solarstromspeicher ausgewertet.

5.4.1 Validierung des Modells

Das Basisszenario A_0 dient zur Validierung des Modells und als Referenz für die Szenarien mit veränderten Eingangsparametern. Die Winterwoche in dem Szenario weist eine hohe Residuallast durch eine geringe Einspeisung aus erneuerbaren Energien auf (Abbildung 32). In der Sommerwoche wird der andere Extremfall betrachtet, eine niedrige Last mit einer hohen Erzeugung aus erneuerbaren Energien. Im Winter liegt die Spitzenlast der Residuallast bei 64 GW und der Minimalwert bei 26 GW. Im Sommer entsprechend bei 48 GW und 13 GW. Die Fläche der Residuallast beträgt für die Winterwoche 8,2 TWh und für die Sommerwoche 4,7 TWh.

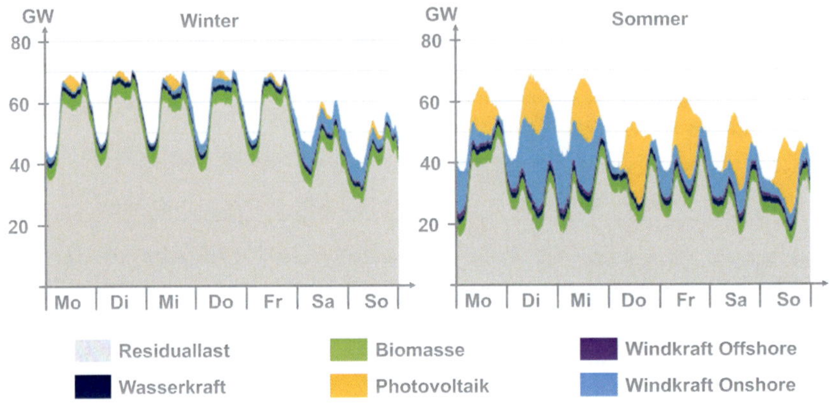

Abbildung 32: Erzeugung aus erneuerbaren Energien und Residuallast im Jahr 2015

Die Ergebnisse der Berechnungen für die Winterwoche werden in Tabelle 30 ausgewertet. Die Daten stellen dar, wie die Residuallast im Modell und in der Realität gedeckt wird. Es wird deutlich, dass in Summe die erzeugte Energie der einzelnen Brennstoffe und die Ausspeicherenergie der Pumpspeicherkraftwerke mit einem Fehler von ein bis zwei Prozentpunkten bestimmt werden kann. Eine Ausnahme bildet die Erzeugung von Steinkohlekraftwerken und sonstigen Kraftwerken. Im Modell wird die erzeugte Energie von Steinkohlekraftwerken deutlich höher bestimmt als in der Realität und bei sonstigen Erzeugungseinheiten deutlich geringer. Bei der sonstigen Erzeugungsleistung werden im Modell nur Kraftwerke zur Müllverbrennung berücksichtigt. Bei den Daten aus [Bnet18c] scheint es, dass darüber hinaus weitere Erzeugungseinheiten gezählt worden sind.

Der Unterschied wird auch deutlich, wenn die höchste erzeugte Leistung in einer Viertelstunde verglichen wird. Bei den Brennstoffen Kernenergie und Braunkohle sind die Leistungen vergleichbar. Bei Pumpspeicherkraftwerken scheint in der untersuchten Woche nicht die volle Leistung von Pumpspeichern verfügbar gewesen zu sein oder ein Teil der Leistung wurde für positive Regelleistung vorgehalten und nicht zur Vermarktung am Energiemarkt genutzt.

Bei Erdgas ergeben die Berechnungen im Modell, dass nur Gaskraftwerke, welche über die Must-Run-Bedingung zur Wärmeversorgung notwendig sind, eingesetzt werden. In der Realität hingegen werden weitere Anlagen angefahren, so dass die höchste Leistung von Erdgas 4,12 GW über dem berechneten Wert liegt.

Tabelle 30: Auswertung der Erzeugungsleistung im Szenario A_0 (Winterwoche) (Quelle der Daten zur realisierten Erzeugung: [Bnet18c])

		Kernenergie	*Braunkohle*	*Steinkohle*	*Erdgas*	*Pumpspeicher*	*Sonstige*
Modell	Erzeugte Energie	1,81 TWh	3,16 TWh	3,34 TWh	0,31 TWh	0,18 TWh	0,27 TWh
	Prozentualer Anteil	20,0 %	34,9 %	36,8 %	3,4 %	1,9 %	3,0 %
	Höchste Leistung	10,79 GW	18,84 GW	23,83 GW	1,86 GW	6,28 GW	1,62 GW
Realisiert	Erzeugte Energie	1,91 TWh	2,96 TWh	2,13 TWh	0,34 TWh	0,13 TWh	1,7 TWh
	Prozentualer Anteil	20,8 %	32,4 %	23,2 %	3,7 %	1,4 %	19 %
	Höchste Leistung	11,47 GW	18,05 GW	15,66 GW	5,98 GW	3,12 GW	13,65 GW

Für die Untersuchung zu den Abweichungen werden in Abbildung 33 die Fahrpläne des Modells mit den realisierten Fahrplänen verglichen. Der Fahrplan der Steinkohle im Modell ist gegenüber dem realisierten Fahrplan offensichtlich zu hoch. Wird jedoch der Fahrplan der Differenz zwischen der sonstigen Leistung im Modell und den Daten aus der Transparenzplattform addiert, so ergibt sich ein ähnlicher Verlauf. Es wird vermutet, dass in der Transparenzplattform unter dem Punkt Sonstiges ein Großteil der fehlenden Steinkohleleistung abgebildet wird.

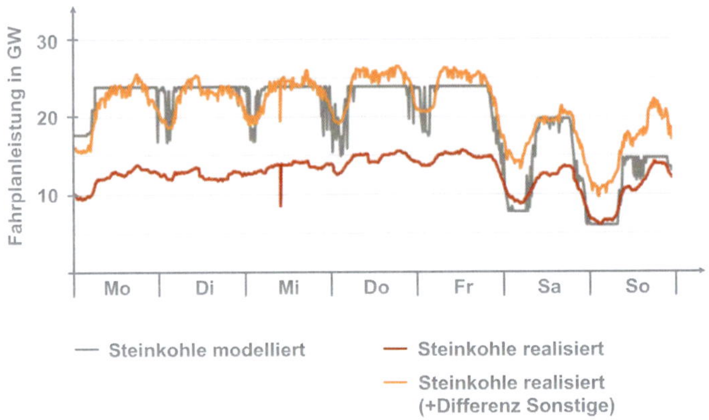

Abbildung 33: Vergleich der Fahrpläne von Steinkohlekraftwerken

Werden die Fahrpläne der modellierten Pumpspeicherkraftwerke mit den tatsächlich realisierten Fahrplänen verglichen, so ist während der Wochentage eine hohe Übereinstimmung im grundsätzlichen Verlauf erkennbar (Abbildung 34). Wie bereits festgestellt, wird im Modell die verfügbare Ausspeicherleistung gleich der installierten Leistung gesetzt. Aus den Daten der Transparenzplattform ist aber ersichtlich, dass nur eine geringere Leistung tatsächlich am Energiemarkt teilgenommen hat. Eine mögliche Erklärung ist, dass im Modell keine Kosten für die Nutzung der Pumpspeicherkraftwerke hinterlegt sind. Es werden zwar die Wirkungsgradverluste berechnet, Grenzkosten der Erzeugung entstehen aber wie bei Fundamentalmodellen üblich nur auf Seiten der Kraftwerke. Das Fundamentalmodell berechnet so das gesamtwirtschaftlich optimale Ergebnis. In der Realität wird jedoch kein Speicherbetreiber seine Anlage einsetzen, sofern über den Strommarkt nicht ausreichend Anreize geschaffen werden.

Am Samstag und Sonntag weist der Verlauf der Speicher im Modell nur eine Ausspeicherung in der Abendspitze auf. Das liegt daran, dass am Wochenende die Last geringer ist und im Modell die Grundlastkraftwerke einen hohen Anteil an der Erzeugung ausmachen.

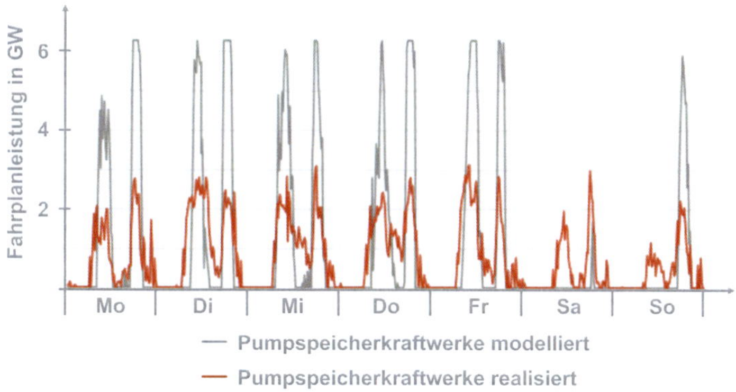

Abbildung 34: Vergleich der Fahrpläne zur Entladeleistung von Pumpspeicherkraftwerken in der Winterwoche

Die Ergebnisse der Berechnung für die Sommerwoche werden in Tabelle 31 ausgewertet.

Tabelle 31: Auswertung der Erzeugungsleistung im Szenario A_0 (Sommerwoche) (Quelle der Daten zur realisierten Erzeugung: [Bnet18c])

		Kernenergie	*Braunkohle*	*Steinkohle*	*Erdgas*	*Pumpspeicher*	*Sonstige*
Modell	Erzeugte Energie	1,54 TWh	2,67 TWh	0,13 TWh	0,08 TWh	0,14 TWh	0,27 TWh
	Prozentualer Anteil	31,9 %	55,3 %	2,8 %	1,6 %	2,9 %	5,5 %
	Höchste Leistung	9,17 GW	17,16 GW	8,44 GW	0,46 GW	4,05 GW	2,23 GW
Realisiert	Erzeugte Energie	1,51 TWh	2,18 TWh	0,69 TWh	0,09 TWh	0,11 TWh	0,75 TWh
	Prozentualer Anteil	28,3 %	40,9 %	13,0 %	1,6 %	2,1 %	14 %
	Höchste Leistung	9,31 GW	14,25 GW	13,48 GW	1,32 GW	3,75 GW	7,09 GW

Die berechneten Werte für Kernenergie und Erdgaskraftwerke stimmen gut überein. Braunkohle erzeugt im Modell einen deutlich höheren Anteil als in der realisierten Erzeugung. Dadurch werden im Modell weniger Steinkohlekraftwerke eingesetzt.

Vergleicht man die maximalen Leistungswerte miteinander, so scheint in der realisierten Erzeugung ein um ca. 3 GW geringerer Anteil an Braunkohlekraftwerken im Betrieb gewesen zu sein. Das kann daran liegen, dass im Modell nur Durchschnittswerte für die ungeplanten und geplanten Ausfälle von Kraftwerken angenommen werden, in der Realität sich die Werte aber nicht so gleichmäßig verteilen, sondern in einer Woche auch deutlich über dem Durchschnittswerten liegen können.

Abbildung 35 zeigt wieder den Vergleich der Ausspeicherleistung der Pumpspeicherkraftwerke. Entsprechend dem Ergebnis der Winterwoche wird auch in der Sommerwoche ein zum realisierten Verlauf ähnlicher Verlauf der Ausspeicherleistung berechnet.

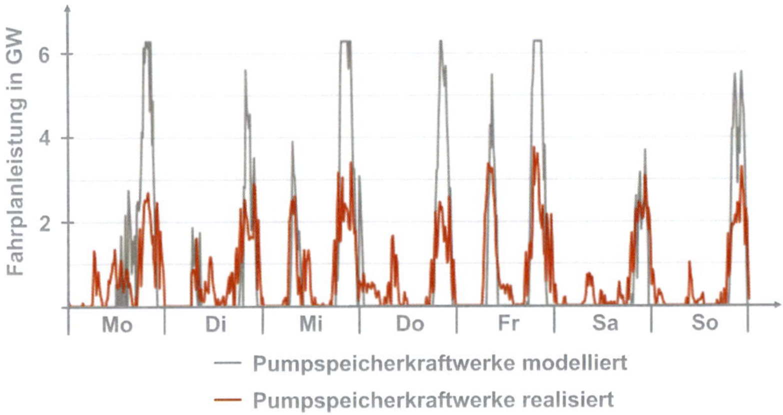

Abbildung 35: Vergleich der Fahrpläne zur Entladeleistung von Pumpspeicherkraftwerken in der Sommerwoche

Es lässt sich festhalten, dass die erzeugten Energien der Erzeugungsanlagen im Modell gut mit den tatsächlichen Werten übereinstimmen. Bei Gaskraftwerken wird die höchste Leistung zu gering modelliert und bei Pumpspeicherkraftwerken zu hoch.

Insbesondere ist zu berücksichtigen, dass für viele Werte nur durchschnittliche Annahmen gemacht wurden, welche für alle Sommer- oder Winterwochen gelten sollen. Somit ist es nicht das Ziel der Modellierung, die Erzeugung einer bestimmten Woche nachzubilden, sondern ein plausibles Ergebnis zu berechnen. Weiterhin muss beachtet werden, dass ein Fundamentalmodell das optimale Ergebnis liefert. Das optimale Ergebnis kann von der Realität durch strategisches Handeln der Marktteilnehmer oder durch nicht effiziente Märkte abweichen. Weiterhin werden für eine Modellierung auch Vereinfachungen getroffen, welche ebenfalls zu Abweichungen führen.

5.4.2 Einfluss der Mehrfachvermarktung im Jahr 2015

Als nächstes wird untersucht, welche Auswirkungen der Einsatz von mehrfach genutzten Solarstromspeichern am Energiemarkt für das Jahr 2015 hat. In den ersten beiden Szenarien A_1 und A_2 wird die verfügbare Speicherkapazität der Solarstromspeicher im Jahr 2015 angenommen. Die verfügbare Speicherkapazität für die sequenzielle Nutzung ist in Abbildung 36 dargestellt. Die Eingangsdaten für die mehrfach genutzten Solarstromspeicher werden aus jeweils elf gemittelten Profilen erstellt. Durch die Mittelung ist zwischen den Tagen jeweils ein Sprung sichtbar, was aber keine Auswirkungen auf die Funktionsweise der Mehrfachvermarktung in der Modellierung hat.

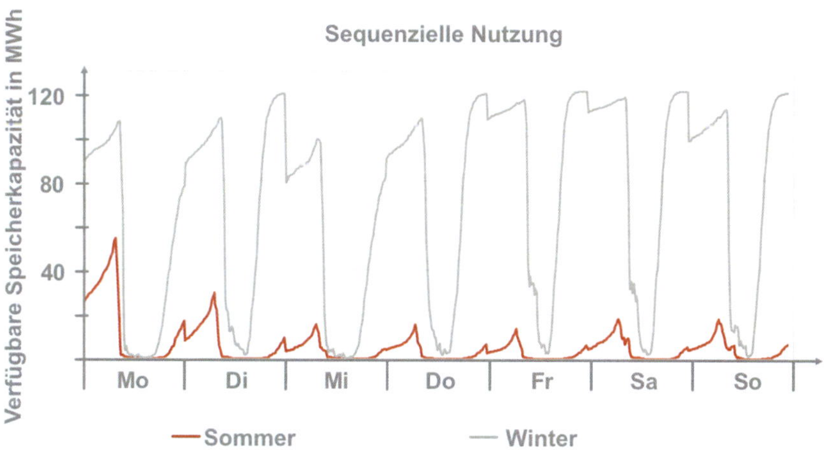

Abbildung 36: Verfügbare Speicherleistung der Solarstromspeicher im Szenario A_1

Entsprechend ist in Abbildung 37 der Verlauf der Speicherkapazität für die simultane Nutzung dargestellt.

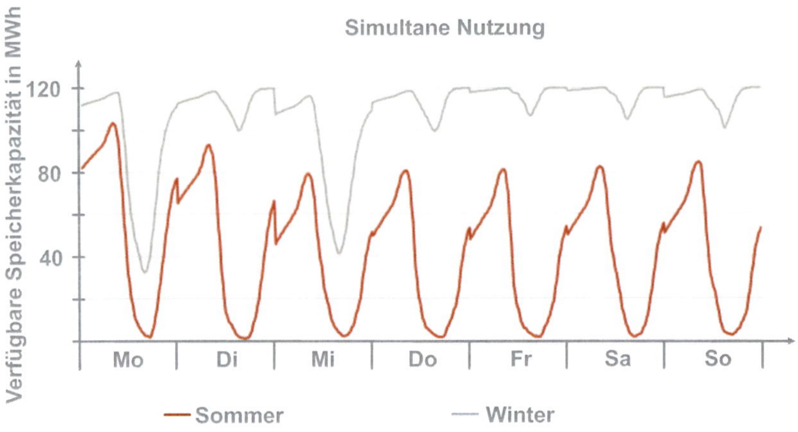

Abbildung 37: Verfügbare Speicherleistung der Solarstromspeicher im Szenario A_2

Neben den Szenarien mit der realen Speicherkapazität wird für die Szenarien B_1 und B_2 die Speicherkapazität auf die für Ende 2018 erwartete Anzahl an Solarstromspeichern erhöht. Es ergeben sich die gleichen Speicherverläufe wie in Abbildung 36 und Abbildung 37, jedoch liegt der Maximalwert der Speicherkapazität bei 576 MWh.

Die Ergebnisse der Berechnungen werden in Tabelle 32 dargestellt. Der Einfluss der Solarstromspeicher bei der sequenziellen Nutzung ist durch die geringe verfügbare Kapazität in der Winterwoche vernachlässigbar. In der Sommerwoche kommt es durch den Einsatz der Solarstromspeicher am Energiemarkt ebenfalls zu einer erhöhten Nutzung der Pumpspeicherkraftwerke. Gleichzeitig sinkt die Erzeugung aus Braunkohlekraftwerken, während die Erzeugung aus Steinkohlekraftwerken steigt. Es wird weiterhin weniger Energie exportiert als ohne den Einsatz der Solarstromspeicher.

Tabelle 32: Vergleich der Szenarien A_1, A_2, B_1, B_2 mit dem Referenzszenario A_0

	Szenario	*Kernenergie*	*Braunkohle*	*Steinkohle*	*Erdgas*	*Pumpspeicher*	*Solarstromsp.*	*Handelsbilanz*
Winter	A_0	1,81 TWh	3,16 TWh	3,34 TWh	0,31 TWh	0,18 TWh	0 TWh	2,52 TWh
	A_1	±0 GWh	±0 GWh	+1,09 GWh	±0 GWh	-0,11 GWh	+0,81 GWh	+4,20 GWh
	A_2	±0 GWh	±0 GWh	-0,09 GWh	±0 GWh	-0,17 GWh	+1,29 GWh	-0,64 GWh
	B_1	±0 GWh	±0 GWh	+1,39 GWh	±0 GWh	+0,08 GWh	+3,84 GWh	+3,94 GWh
	B_2	±0 GWh	±0 GWh	-0,81 GWh	±0 GWh	-0,55 GWh	+6,07 GWh	-4,82 GWh
Sommer	A_0	1,54 TWh	2,67 TWh	0,13 TWh	0,08 TWh	0,14 TWh	0 TWh	0,27 TWh
	A_1	±0 GWh	-3,78 GWh	+2,32 GWh	±0 GWh	+1,46 GWh	+0,10 GWh	-7,97 GWh
	A_2	±0 GWh	-6,68 GWh	+1,48 GWh	±0 GWh	+1,39 GWh	+0,41 GWh	-22,93 GWh
	B_1	±0 GWh	-3,59 GWh	+1,43 GWh	±0 GWh	+1,39 GWh	+0,45 GWh	-10,85 GWh
	B_2	±0 GWh	-4,45 GWh	+1,13 GWh	±0 GWh	+0,55 GWh	+1,99 GWh	-14,84 GWh

5.4.3 Einfluss der Mehrfachvermarktung im Jahr 2030

Im Jahr 2030 hat sich die installierte Leistung an erneuerbaren Energien deutlich erhöht. Der Verlauf der Residuallast für die berechnete Winter- und Sommerwoche wird in Abbildung 38 dargestellt. Während in der Winterwoche nur am Samstag und am Sonntag die Residuallast durch die erneuerbare Erzeugung deutlich gesenkt wird, kommt es in der Sommerwoche sogar zu teilweisen Überschusszeiten mit einer negativen Residuallast. Hauptursache für die negative Residuallast ist die hohe Einspeisung aus Photovoltaikanlagen. Im Winter liegt die Spitzenlast der Residuallast bei 58 GW und der Minimalwert bei 17,3 GW. Im Sommer entsprechend bei 39,6 GW und -25,1 GW. Die Fläche der Residuallast beträgt im Winter 6,9 TWh und im Sommer 1,17 TWh.

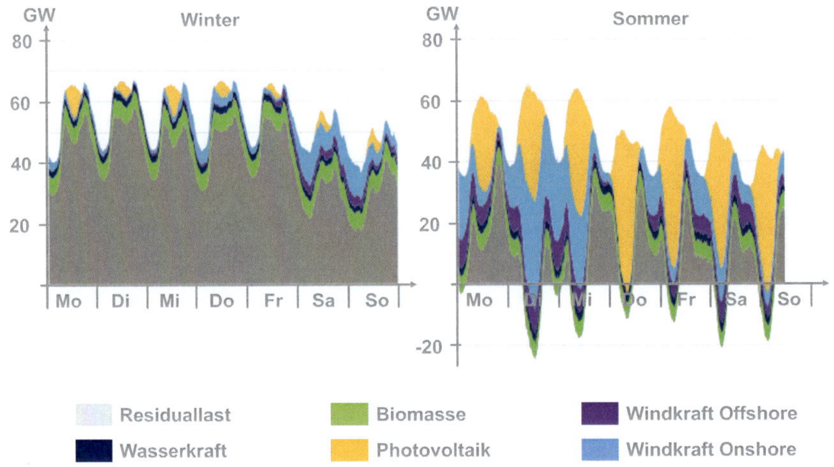

Abbildung 38: Erzeugung aus erneuerbaren Energien und Residuallast im Jahr 2030

In Tabelle 33 werden die Ergebnisse der Berechnungen der Szenarien C_1, C_2 und C_3 mit dem Referenzszenario für das Jahr 2030 C_0 (ohne Mehrfachnutzung) verglichen. In der Winterwoche im Referenzszenario findet die Deckung der Residuallast durch die Erzeugung aus Braunkohle, Steinkohle und Erdgas statt. Erdgaskraftwerke erzeugen mit 4,25 TWh mehr Energie als die Kohlekraftwerke zusammen. Der Grund ist, dass durch die hohe Residuallast die Erzeugung aus den kostengünstigeren Kohlekraftwerken in Deutschland nicht ausreicht und auch durch den Import von Energie keine kostengünstigere Deckung der Nachfrage möglich ist. Die gesamte Handelsbilanz ist positiv, so wird in der Winterwoche 1,08 TWh mehr Energie exportiert als importiert. Pumpspeicherkraftwerke werden in der Winterwoche nicht benötigt und speisen nur 0,03 TWh Energie aus.

In der Sommerwoche werden Erdgaskraftwerke gar nicht zur Deckung der Nachfrage in Deutschland oder für den Export eingesetzt. Die Deckung der Residuallast findet über Braun- und Steinkohlekraftwerke statt. Die mangelnde Flexibilität der Kohlekraftwerke wird durch den Einsatz der Pumpspeicherkraftwerke und durch die Exportmöglichkeit ausgeglichen. Es wird durch den Export von Energie aus Kohlekraftwerken und der Erzeugung aus erneuerbaren Energien mehr Energie exportiert als im Winter.

Tabelle 33: Vergleich der Szenarien C_1, C_2, C_3 mit dem Referenzszenario C_0

	Szenario	*Braunkohle*	*Steinkohle*	*Erdgas*	*Pumpspeicher*	*Solarstromsp.*	*Handelsbilanz*	*Spitzenlast*
Winter	C_0	1,36 TWh	2,12 TWh	4,25 TWh	0,03 TWh	0 TWh	1,08 TWh	57,99 GW
	C_1	±0 GWh	±0 GWh	-549,46 GWh	+6,53 GWh	+35,51 GWh	-555,63 GWh	-0,61 GW
	C_2	±0 GWh	±0 GWh	-510,8 GWh	+0,26 GWh	+66,64 GWh	-518,09 GWh	-0,36 GW
	C_3	±0 GWh	±0 GWh	-544,16 GWh	-1,79 GWh	+96,54 GWh	-553,95 GWh	-0,58 GW
Sommer	C_0	1,12 TWh	1,38 TWh	0 TWh	0,16 TWh	0 TWh	1,54 TWh	39,57 GW
	C_1	-2,19 GWh	+3,57 GWh	±0 GWh	-2,09 GWh	+13,94 GWh	+0,62 GWh	-0,12 GW
	C_2	-3,71 GWh	-6,69 GWh	±0 GWh	-4,11 GWh	+26,23 GWh	-11,76 GWh	±0GW
	C_3	-4,23 GWh	-8,72 GWh	±0 GWh	-5,64 GWh	+37,84 GWh	-15,01 GWh	±0GW

Durch den Einsatz der mehrfach genutzten Solarstromspeicher reduziert sich die Erzeugung aus Erdgaskraftwerken in der Winterwoche. Gleichzeitig reduziert sich auch die exportierte Energie. Da die Erzeugungsleistung der heimischen Kohlekraftwerke konstant ist, führt der Einsatz der Solarstromspeicher zu einem Import ausländischer, günstigerer Erzeugungsleistung. Das kann Kernenergie oder Energie aus Kohlekraftwerken sein. Ein ähnlicher Effekt ist in der Sommerwoche zu beobachten. Der Einsatz der Solarstromspeicher führt zu einer Reduzierung der Erzeugung aus Kohlekraftwerken und zu einer Reduzierung der exportierten Energiemenge.

Sowohl in der Sommer- als auch in der Winterwoche reduziert der Einsatz der Solarstromspeicher die Nutzung der Pumpspeicherkraftwerke. Nur bei einer geringen Verfügbarkeit der Solarstromspeicher steigt in der Winterwoche auch die Nutzung der Pumpspeicherkraftwerke an. Die Spitzenlast wird durch den Einsatz der Solarstromspeicher kaum verändert, sie sinkt nur leicht um bis zu 610 MW.

In beiden untersuchten Wochen werden durch den Einsatz der Solarstromspeicher die CO_2-Emissionen bei einer niedrigen Verfügbarkeit um 0,01 %, bei einer mittleren Verfügbarkeit um 0,02 % und bei einer hohen Verfügbarkeit um 0,03 % reduziert. Für die Berechnung werden die CO_2-Emissionen für die Stromerzeugung in allen Marktgebieten berücksichtigt. In absoluten Zahlen wird der Ausstoß von CO_2 je nach Szenario zwischen 1.300 und 5.000 Tonnen reduziert.

In Tabelle 34 werden die Berechnungsergebnisse für einen geringen CO_2-Preis (Szenario D_1) und einen hohen CO_2-Preis (Szenario D_2) dargestellt und mit dem Szenario C_2 verglichen. Sowohl ein geringerer als auch ein höherer CO_2-Preis führen in der Winterwoche zu einer höheren Erzeugung aus Gaskraftwerken. Bei einem geringeren CO_2-Preis wird die zusätzlich erzeugte Energie exportiert, die Erzeugung aus Kohlekraftwerken bleibt konstant. Bei einem höheren CO_2-Preis verteuert sich auch die Erzeugung aus Kohlekraftwerken. Steinkohle- und Gaskraftwerke stehen dann in direkter Konkurrenz miteinander, so dass die Erzeugung aus Gaskraftwerken die Erzeugung aus Steinkohlekraftwerken teilweise substituiert. Ein weiterer Teil der aus Gaskraftwerken erzeugten Energie wird exportiert.

In der Sommerwoche führt ein im Vergleich zum Vergleichsszenario C_2 geringerer CO_2-Preis zu einer höheren Erzeugung aus Kohlekraftwerken. Gaskraftwerke profitieren im Gegensatz zur Winterwoche nicht. Bei einem höheren CO_2-Preis erzeugen Gaskraftwerke mehr Energie. Steinkohlekraftwerke reduzieren ihre Energieerzeugung überproportional und Braunkohlekraftwerke leicht. Damit sinkt auch die exportierte Energiemenge. Die Spitzenlast bleibt bei beiden Szenarien nahezu unverändert.

Tabelle 34: Vergleich der Szenarien D_1 und D_2 mit dem Szenario C_2

	Szenario	*Braunkohle*	*Steinkohle*	*Erdgas*	*Pumpspeicher*	*Solarstromsp.*	*Handelsbilanz*	*Spitzenlast*
Winter	C_2	1,36 TWh	2,12 TWh	3,74 TWh	0,03 TWh	0,07 TWh	1,08 TWh	57,63 GW
	D_1	±0 GWh	±0 GWh	+336,18 GWh	-4 GWh	+0,05 GWh	+337,6 GWh	+0,36 GW
	D_2	±0 GWh	-494,58 GWh	+611,95 GWh	-7,63 GWh	-24,62 GWh	+122,76 GWh	+0,36 GW
Sommer	C_2	1,12 TWh	1,37 TWh	0 TWh	0,16 TWh	0,03 TWh	1,53 TWh	39,57 GW
	D_1	+46,25 GWh	+32,63 GWh	±0 GWh	+14,6 GWh	-1,32 GWh	+73,95 GWh	±0 GW
	D_2	-62,87 GWh	-831,54 GWh	+32,4 GWh	-92,18 GWh	+0,44 GWh	-829,01 GWh	±0 GW

Werden die CO_2-Emissionen über alle Marktgebiete für die Szenarien D_1 und D_2 betrachtet, so steigen bei einem geringeren CO_2-Preis als im Vergleichsszenario C_2 die Emissionen in der Winterwoche um 0,03 % und in der Sommerwoche um 0,45 % an. Durch einen höheren CO_2-Preis als im Vergleichsszenario sinken die Emissionen in der Winterwoche um 1,96 % und in der Sommerwoche um 6,4 % ab. Es wird deutlich, dass eine Reduktion der CO_2-Emissionen des Stromsektors über eine Steigerung des CO_2-Preises möglich ist.

In den letzten beiden Szenarien E_1 und E_2 wurde der Fall einer Dunkelflaute einmal ohne und einmal mit mehrfach genutzten Solarstromspeichern untersucht. Biomasse- und Wasserkraftanlagen werden in ihrer Erzeugung nicht reduziert. Die Ergebnisse sind in Tabelle 35 dargestellt. In der Winterwoche wird die Residuallast aus heimischer Erzeugung gedeckt und es wird zusätzlich 1,04 TWh Energie exportiert. Durch den Einsatz der Solarstromspeicher reduziert sich die Erzeugung aus Erdgaskraftwerken und gleichzeitig werden Pumpspeicherkraftwerke seltener eingesetzt. In der Sommerwoche findet die Deckung der Residuallast hauptsächlich aus Kohlekraftwerken und durch den Import von Energie statt, Erdgaskraftwerke erzeugen deutlich weniger Energie als in der Winterwoche. Der Einsatz der Solarstromspeicher führt zu einer höheren Erzeugung der Gaskraftwerke. Die zusätzlich erzeugte Energie wird nahezu vollständig exportiert.

Tabelle 35: Vergleich der Szenarien E_1 und E_2

	Szenario	*Braunkohle*	*Steinkohle*	*Erdgas*	*Pumpspeicher*	*Solarstromsp.*	*Handelsbilanz*	*Spitzenlast*
Winter	E_1	1,36 TWh	2,12 TWh	5,24 TWh	0,06 TWh	0 TWh	1,04 TWh	59,09 GW
	E_2	±0 GWh	±0 GWh	-3,45 GWh	-13,36 GWh	+66,95 GWh	-5,89 GWh	-0,06 GW
Sommer	E_1	1,24 TWh	1,93 TWh	0,61 TWh	0,004 TWh	0 TWh	-2,57 TWh	57,74 GW
	E_2	±0 GWh	±0 GWh	+170,38 GWh	-2,58 GWh	+30,52 GWh	+168,01 GWh	-0,48 GW

5.4.4 Nutzung der Flexibilitätsoptionen im Jahr 2030

Für die Sommerwoche des Szenarios C_2 sollen die Flexibilitätsoptionen näher untersucht werden. Als Flexibilitätsoptionen außerhalb der thermischen Kraftwerke werden im Modell der Einsatz der Pumpspeicherkraftwerke, die Mehrfachnutzung von Solarstromspeichern und der Import bzw. Export von Energie abgebildet. In Abbildung 39 wird der Verlauf der Residuallast und der Verlauf der Flexibilitätsoptionen dargestellt. Positive Werte für die Handelsbilanz entsprechen einem Export von Energie und negative Werte einem Import. Pumpspeicherkraftwerke und die Solarstromspeicher der Mehrfachnutzung werden bei positiven Werten entladen und bei negativen Werten geladen.

Es wird deutlich, dass bei einer positiven Residuallast Energie vorwiegend importiert wird und bei einer negativen Residuallast exportiert wird. Insgesamt ist die Handelsbilanz in der Sommerwoche des Szenario C_2 mit 1,53 TWh mehr exportierter als importierter Energie positiv. Die Nutzung der Flexibilität über die Handelsmöglichkeiten hat den größten Einfluss auf die Residuallast mit einer maximalen Exportleistung von 31,5 GW und einer Importleistung von 18,5 GW. Pumpspeicherkraftwerke haben eine maximale Ladeleistung von 6,17 GW und eine Entladeleistung von 6,28 GW. Die verfügbare Leistung der mehrfach genutzten Solarstromspeicher ist mit 3,5 GW beim Entladen und mit 3,2 GW beim Laden am geringsten. Dennoch werden auch Pumpspeicherkraftwerke und die Speicher der Mehrfachnutzung so eingesetzt, dass sie vorwiegend bei einer negativen Residuallast geladen und bei einer positiven Residuallast entladen werden.

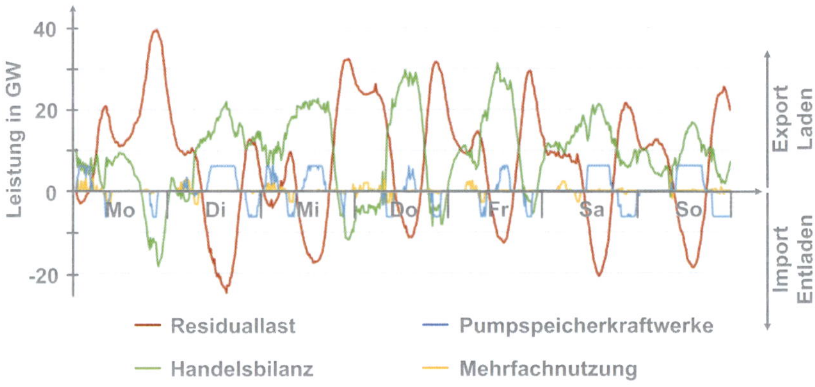

Abbildung 39: Verlauf der Residuallast und der Flexibilitätsoptionen (Szenario C_2, Sommerwoche)

Werden alle Flexibilitätsoptionen schrittweise von der Residuallast subtrahiert, so folgt der Verlauf in Abbildung 40. Während die Mehrfachnutzung einen kaum sichtbaren Einfluss auf die Residuallast hat, können durch den Einsatz der Pumpspeicherkraftwerke negative und positive Spitzen der Residuallast verringert werden. Durch den zusätzlichen Import und Export von Energie folgt ein geglätteter Verlauf der Residuallast (grüne Linie). Die maximale Leistung der grünen Linie liegt bei 20,5 GW. Somit wird auch deutlich, warum in der Sommerwoche des Szenarios C_2 keine Erdgaskraftwerke zur Spitzenlasterzeugung eingesetzt werden. Braunkohle- und Steinkohlekraftwerke haben gemeinsam eine ausreichend hohe Leistung um den Verlauf der grünen Linie zu decken und sind günstiger in der Erzeugung als Gaskraftwerke. Im Endeffekt hat sich der berechnete Verlauf eingestellt, weil es aus Sicht des Gesamtsystems die kostengünstigste Möglichkeit darstellt den Energiebedarf zu decken. Es wird auch bei diesem Beispiel deutlich, dass Gasspeicherkraftwerke als Flexibilitätsoption mit den anderen Flexibilitätsoptionen konkurrieren.

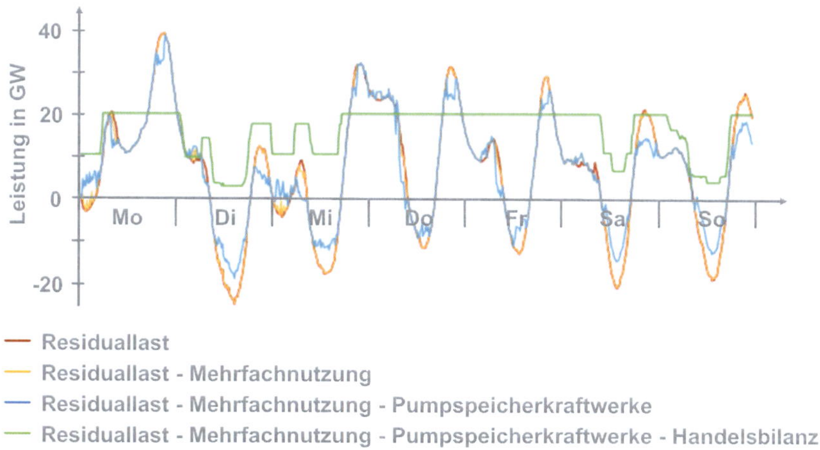

Abbildung 40: Vergleich der Auswirkungen der Flexibilitätsoptionen auf die Residuallast (Szenario C_2, Sommerwoche)

Wird die Residuallast als Dauerlinie für eine Woche aufgetragen, so ergibt sich der in Abbildung 41 gezeigte Verlauf. Die rote Linie zeigt die Residuallast der Sommerwoche des Szenarios C2 und die graue Linie den neuen Verlauf, wenn die Flexibilitätsoptionen eingesetzt werden. Der bereits in Abbildung 10 stilisierte Verlauf ist auch das Ergebnis der Berechnungen. Die Dauerlinie wird deutlich geglättet.

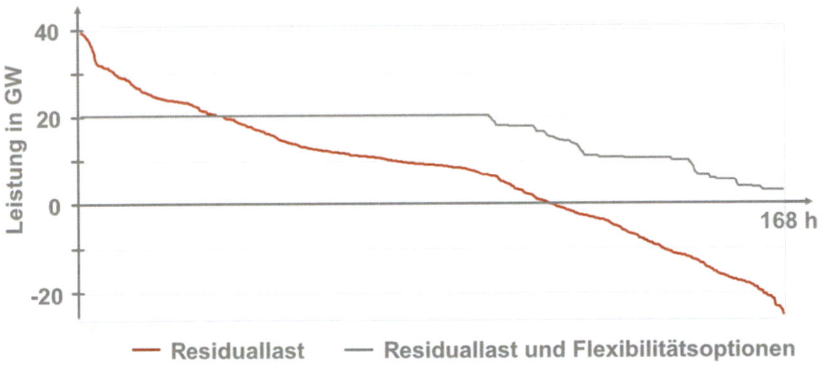

Abbildung 41: Dauerlinie der Residuallast mit und ohne Flexibilitätsoptionen (Szenario C_2, Sommerwoche)

In Abbildung 42 wird die verfügbare Speicherkapazität der mehrfach genutzten Solarstromspeicher (grüne Linie) und die tatsächlich genutzte Speicherkapazität (gelbe Linie) dargestellt. Zusätzlich wird die Residuallast (rote Linie) aufgetragen. Der Verlauf erklärt, warum die Mehrfachnutzung den geringsten Einfluss auf den Verlauf der Residuallast hat. Gerade wenn die Residuallast durch die hohe Einspeisung aus Photovoltaik negativ wird, sinkt auch die Verfügbarkeit der Solarstromspeicher. Bei einer hohen Sonneneinstrahlung werden die Solarstromspeicher selbst zur Eigenverbrauchsoptimierung genutzt und können so nicht mehr am Energiemarkt eingesetzt werden. Zusätzlich sind die Speicher immer erst wieder verfügbar, wenn die Residuallast wieder positiv ist. Die verfügbare Kapazität für die Mehrfachnutzung ist dann aber entladen und kann nicht zur Reduzierung der positiven Leistungsspitze genutzt werden.

Während also die Nichtverfügbarkeit der Solarstromspeicher mit der negativen Residuallast, verursacht durch eine Einspeisung aus Photovoltaik, korreliert, ist ein solcher Effekt bei der Windenergie nicht vorhanden. In der Nacht zwischen Dienstag und Mittwoch wird durch eine hohe Windeinspeisung mehr erneuerbare Energie erzeugt als verbraucht wird. Die mehrfach genutzten Solarstromspeicher sind in der Zeit verfügbar und können auch einen Teil der „überschüssigen“ Energie einspeichern.

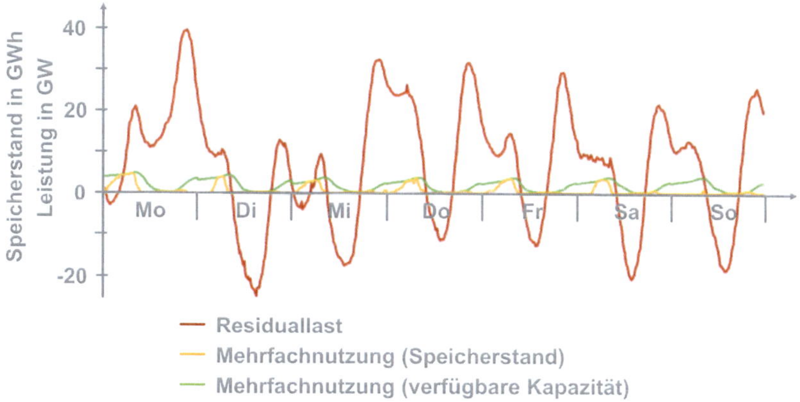

Abbildung 42: Vergleich der verfügbaren Kapazität und dem Verlauf des Speicherstandes der Mehrfachnutzung mit dem Verlauf der Residuallast (Szenario C_2, Sommerwoche)

6 Kritische Würdigung und Ausblick

Mit dem in der vorliegenden Arbeit entwickelten Modell der Verfügbarkeit von Solarstromspeichern kann erstmals bestimmt werden, wie eine Mehrfachnutzung der Solarstromspeicher am Energiemarkt möglich ist. Ein weiteres im Rahmen der Arbeit entwickelte Modell bildet den Energiemarkt über ein Fundamentalmodell ab. Für beide Modelle wurden Annahmen und Vereinfachungen getroffen, welche nachfolgend diskutiert werden sollen.

Die energiewirtschaftliche Integration der mehrfach genutzten Solarstromspeicher kann durch politische oder regulatorische Rahmenbedingungen deutlich erschwert werden. So ist bisher nicht abschließend geklärt, wie ein Messkonzept eine energiewirtschaftliche Teilbarkeit eines Speichers ermöglichen kann. Die Bundesnetzagentur vertritt in einem Schreiben vom 03.02.2017 die Auffassung, dass eine solche Teilbarkeit nicht möglich ist. Für den Besitzer des Solarstromspeichers folgt so, dass durch die Mehrfachvermarktung sein Vergütungsanspruch nach § 19 Abs. 4 EEG auf im Solarstromspeicher zwischengespeicherten Strom erlischt.

Bei der Modellierung der Verfügbarkeit der Solarstromspeicher musste eine Vereinfachung getroffen werden, weil nur hochaufgelöste Wetterdaten für den Standort Braunschweig zur Verfügung stehen. Dadurch unterliegen alle 560 berechneten Nutzungsprofile der Photovoltaikanlage den gleichen meteorologischen Randbedingungen wie Wolkenzug und Sonnenscheindauer. Indem insgesamt elf dem Simulationstag im Fundamentalmodell entsprechende Tagesprofile zusammengeführt werden, soll künstlich eine Durchmischung verschiedener Standorte simuliert werden. Sofern Wetterdaten für mehrere Standorte vorliegen oder reale Verfügbarkeitsdaten aus einem größeren Gebiet veröffentlicht werden, kann der Fehler einer Modellierung mit nur einem Standort gegenüber einer Verteilung der Standorte berechnet werden.

Weiterhin wurden für die Berechnung der 560 Speicherprofile Kombinationen aus Photovoltaikanlage, Jahresenergieverbrauch und Batteriegröße genutzt, welche der tatsächlichen Verteilung im Jahr 2015 entsprechen. Die Daten zur Verteilung stammen aus dem Mess- und Evaluierungsprogramm der KfW-Förderung. Es wird unterstellt, dass die Verteilung auch für Solarstromspeicher gilt, welche nicht gefördert werden. Mangels verfügbarer Daten kann die Annahme nicht überprüft werden. Weiterhin geht aus den neuesten, Ende 2018 veröffentlichten Daten hervor, dass mit sinkenden Speicherpreisen immer größere Solarstromspeicher installiert werden [FHKW18]. In dem Modell wird eine über die Jahre konstante Verteilung angenommen, so dass die Verläufe der Solarstromspeicher für das Jahr 2030 skaliert werden können.

Für die Erstellung des Fundamentalmodells werden viele Eingangsdaten benötigt. Die Angaben in der verwendeten Literatur unterscheiden sich jedoch teilweise, so wird in der vorliegenden Arbeit jeweils ein Bereich für mögliche Werte angegeben. Für die Durchführung der Simulation wird ein möglichst harmonischer Wert aus dem angegebenen Bereich genutzt. Die Unterschiede in der Literatur zeigen, dass insgesamt eine

Unsicherheit hinsichtlich der exakten Parameter vorliegt und oftmals ebenfalls Annahmen getroffen werden. Das betrifft sowohl technische Parameter der thermischen Kraftwerke als auch ökonomische Parameter aller Erzeugungseinheiten. Weiterhin wird ein perfekter Markt unterstellt, in dem alle Informationen offenliegen. In der Realität kann sich aber durch nicht gleich verteilte Informationen oder auch durch strategisches Verhalten der Marktteilnehmer ein abweichendes Ergebnis einstellen.

Für die Berechnung der Szenarien im Jahr 2030 werden zusätzlich Prognosen für die Entwicklung der konventionellen und erneuerbaren Erzeugungsleistung und für die Entwicklung der technisch-ökonomischen Parameter genutzt. Rückblickend wird bei vielen älteren Studien deutlich, dass die Prognosen zur Entwicklung der erneuerbaren Energien deutlich unter den tatsächlichen Zubauzahlen liegen. Ähnliche Fehleinschätzungen können bei den genutzten Prognosen ebenfalls möglich sein. Weiterhin werden die für das Jahr 2015 genutzten Zeitreihen für erneuerbare Energien auf das Jahr 2030 skaliert. Dabei wird unterstellt, dass die Charakteristik der heutigen Erzeugung auch im Jahr 2030 weiter gilt. Durch einen überproportionalen Ausbau in Standorten mit hohen oder geringen Jahresvolllaststunden kann sich diese Charakteristik aber verändern. Bei Windkraftanlagen kann durch Repowering der Verlauf der Erzeugung verändert werden und bei Photovoltaikanlagen kann eine vom Süden abweichende Ausrichtung die Erzeugung in den Morgen- und Abendstunden erhöhen.

Die Auswirkungen der Nutzung der Solarstromspeicher auf den Energiemarkt werden anhand von zwei beispielhaften Wochen bestimmt. Für die Winterwoche ist eine hohe Last und geringe Einspeisung aus erneuerbarer Energie und für die Sommerwoche eine geringe Last und eine hohe Einspeisung aus erneuerbarer Energie Auswahlkriterium. Somit decken die gewählten Wochen zwei extreme Situationen ab und die gefundenen Ergebnisse lassen sich nicht direkt auf andere Wochen übertragen oder auf ein Jahr hochskalieren. Für eine weitere Untersuchung und bei vorhandenen Eingangsdaten kann die Simulation für ein ganzes Jahr erfolgen, so dass auch andere Verläufe der Residuallast betrachtet werden können.

Bei den Auswertungen der Ergebnisse wird festgestellt, dass die Verfügbarkeit der Solarstromspeicher bei einer hohen Einspeisung aus Photovoltaik gering ist und somit nur ein geringer Effekt auf die Reduzierung der Einspeisespitze beobachtet werden kann. Dabei wird im Modell vernachlässigt, dass durch die Einspeicherung der Solarstromspeicher zum Eigenverbrauch bereits eine Reduzierung der Einspeisespitze der Photovoltaik durchgeführt wird. Eine weitere Untersuchung kann den Effekt bestimmen und in das Fundamentalmodell implementieren.

Ein weiteres Ergebnis der Modellberechnungen ist, dass die Flexibilitätserbringung aus Speicheranlagen mit der Erbringung von Flexibilität durch Gaskraftwerke konkurriert. Indem für Speicheranlagen in dem Fundamentalmodell keine Fixkosten angesetzt wurden, kann es in einigen Stunden zu verzerrten Ergebnissen kommen.

Eine Herausforderung bei der Berechnung großer Datensätze ist die lange Rechendauer des Modells. Je nach Szenario kann die Berechnung einige Tage dauern. Der hohe Rechenaufwand ist der hohen Genauigkeit über eine Berechnung im 15 Minuten-Raster geschuldet. Für Untersuchungen von längeren Zeiträumen müssen Vereinfachungen getroffen werden, um die Zeitdauer der Berechnung praktikabel zu halten. Möglichkeiten zur Vereinfachung sind die Berechnung in einem Stundenraster oder die Reduzierung der Anzahl der betrachteten Länder.

Das entwickelte Fundamentalmodell optimiert alle Erzeugungseinheiten im Gebiet der ENTSO-E unter den gegebenen Randbedingungen. Marktgebiete werden anhand der Übertragungsleistung der Interkonnektoren unterschieden, ansonsten wird von einer Kopplung aller Marktgebiete ausgegangen. Es wird ein gesamtwirtschaftliches Optimum berechnet. Das Optimum stellt dabei einen Zielwert dar, welcher durch politische und regulatorische Rahmenbedingungen erreicht werden sollte, um die minimalsten Kosten der Erzeugung zu erreichen. Obwohl die Marktkopplung im Gebiet der ENTSO-E weiter vorangetrieben wird, kann der im Fundamentalmodell abgebildete Zustand möglicherweise nicht erreicht werden. Politische und wirtschaftliche Überlegungen können zu Entscheidungen führen, welche einem Gesamtoptimum widersprechen.

7 Zusammenfassung

Anhand der vorliegenden Arbeit konnten die Auswirkungen der Mehrfachvermarktung von Solarstromspeichern auf den Energiemarkt bestimmt werden. Für eine Mehrfachvermarktung werden Solarstromspeicher gemeinsam vernetzt und können so auch als vergleichsweise kleine Speichereinheiten am Energiemarkt teilnehmen. Dafür wird die freie Speicherkapazität, welche nicht für den primären Betriebszweck der Eigenverbrauchsmaximierung benötigt wird, weiteren Nutzern angeboten. Ein Marktüberblick hat gezeigt, dass es bereits heute mehrere Anbieter gibt, welche eine solche Vernetzung und Vermarktung anbieten. Bisher konzentrieren sich alle Anbieter auf den Regelleistungsmarkt, in ersten Ansätzen findet eine Vermarktung auf dem Intraday-Markt statt. Folglich gibt es noch nicht ein endgültiges Geschäftsmodell. Eine Herausforderung für viele Anbieter ist dabei, dass bei der gleichzeitigen Nutzung eines Solarstromspeichers durch mehrere Anbieter die eingespeicherte Energie und die auftretenden Wirkungsgradverluste dem jeweiligen Nutzer richtig zugeordnet werden müssen.

Um die Fragestellung weiter zu untersuchen, wurden 560 Haushalte simuliert, welche sich im Jahresenergieverbrauch, der Photovoltaikanlagengröße und der Speichergröße unterscheiden. Die Kombinationen wurden jeweils so gewählt, dass die Summe der durchschnittlichen Verteilung im Jahr 2015 entspricht. Dafür wurde für jeden Speicherverlauf ein eigener Gewichtungsfaktor bestimmt. Als Ergebnis konnte so das Modell eines Durchschnittsspeicher mit einer Kapazität von 4,8 kWh hergeleitet werden.

Für die Analyse der verfügbaren Kapazität für die Mehrfachvermarktung wurden zwei Betriebsweisen für die Solarstromspeicher betrachtet. Eine aus Anbietersicht vernetzter Solarstromspeicher vereinfachte Nutzung bietet der sequenzielle Betrieb. Bei der sequenziellen Betriebsweise nutzt in jedem Zeitschritt nur ein Nutzer den Solarstromspeicher. Das kann der Haushalt mit der Eigenverbrauchsoptimierung oder der Anbieter mit der Nutzung am Energiemarkt sein. Die Solarstromspeicher werden jeweils leer dem nächsten Nutzer übergeben. Es stehen so pro Jahr durchschnittlich 22 % der Speicherkapazität für eine Mehrfachvermarktung zur Verfügung. Bei der zweiten Betriebsweise, dem simultanen Betrieb von Solarstromspeichern, können pro Jahr durchschnittlich 55 % der Speicherkapazität für die Mehrfachvermarktung genutzt werden. Die Steigerung gegenüber dem sequenziellen Betrieb ist möglich, weil alle Nutzer gleichzeitig den Solarstromspeicher nutzen.

Die primäre Nutzung für den Eigenverbrauch führt für beide Betriebsweisen zu einer höheren Verfügbarkeit in den Wintermonaten als in den Sommermonaten. Im Dezember können durchschnittlich bei der sequenziellen Betriebsweise 55 % der Kapazität und 85 % bei der simultanen Betriebsweise genutzt werden. Im Juni liegt der Wert nur bei 3 % und 31 %.

Die Nutzung der Solarstromspeicher am Energiemarkt beeinflusst die restliche Erzeugungsstruktur. Für die Untersuchung der Auswirkungen wurde ein Fundamentalmodell des Energiemarktes entwickelt, welches auf einer gemischt-ganzzahligen Optimierung beruht. Das Fundamentalmodell nutzt die technischen Restriktionen der thermischen

Kraftwerke und der Speichereinheiten und berücksichtigt gleichzeitig die Grenzkosten der Erzeuger. So wird ein aus volkswirtschaftlicher Sicht kostenminimaler Erzeugungsfahrplan berechnet. Die Simulation von Szenarien erfolgt in einem Zeitraster von 15 Minuten für eine Winterwoche mit hoher Last und niedriger Einspeisung aus erneuerbaren Energien und einer Sommerwoche mit entsprechend niedriger Nachfrage und hoher Einspeisung. Die Eingangsdaten umfassen den Kraftwerkspark in Europa und die Übertragungsleistung der Grenzkuppelstellen.

Die Berechnungen für das Jahr 2015 zeigen, dass mit dem entwickelten Modell die tatsächlich erzeugten Energien der einzelnen Brennstoffe mit einem Fehler von wenigen Prozentpunkten berechnet werden können. Auch die Entladezeiten der Pumpspeicherkraftwerke stimmen mit den tatsächlichen Werten überein. Unterschiede gibt es jeweils in der Höhe der eingesetzten Leistung, diese wird im Modell anhand von aus der Literatur ermittelten Durchschnittswerten bestimmt und kann in der Realität durch geplante und ungeplante Ausfälle der Einheiten abweichen.

Wird die für das Jahr 2015 und 2018 verfügbare Speicherkapazität der Mehrfachnutzung am Energiemarkt eingesetzt, so bleiben die Auswirkungen durch die geringe kumulierte Speicherkapazität gering. Die maximale Speicherkapazität liegt bei 120 MWh für das Jahr 2015 und 576 MWh für das Jahr 2018. In den Sommermonaten reduziert sich durch die Mehrfachvermarktung die Erzeugung aus Braunkohlekraftwerken und erhöht sich die Erzeugung aus Steinkohlekraftwerken.

Im Jahr 2030 führt eine im Vergleich zu 2015 höhere verfügbare Anzahl an Solarstromspeichern zu einem deutlichen Einfluss auf den Energiemarkt. Die erzeugte Energie aus Gaskraftwerken und die exportierte Energie wird in der Winterwoche mit einer steigenden Anzahl an mehrfachgenutzten Solarstromspeichern reduziert. In der Sommerwoche führt eine höhere Speicherkapazität von Solarstromspeichern zu einer stärkeren Nutzung von heimischen Steinkohlekraftwerken. Die Erzeugungsleistung aus heimischen Braunkohlekraftwerken wird dafür reduziert. Sowohl in der Winter- als auch in der Sommerwoche wird der Ausstoß von CO_2 durch den Einsatz der mehrfachgenutzten Solarstromspeicher reduziert. Die eingesparte Menge liegt zwischen 1.300 und 5.000 Tonnen.

Eine noch deutlichere Einsparung von CO_2 ist durch einen höheren CO_2-Preis möglich. Im Jahr 2030 kann durch einen Preis von 84 Euro pro Tonne im Vergleich zu einem Preis von 45 Euro pro Tonne in der Winterwoche der Ausstoß um 1,96 % und in der Sommerwoche um 6,4 % reduziert werden. Von einem höheren CO_2-Preis profitieren auch heimische Gaskraftwerke, die erzeugte Energiemenge erhöht sich deutlich.

Insgesamt folgt aus der vorliegenden Arbeit, dass mehrfach genutzte Solarstromspeicher einen wichtigen Beitrag zur Energiewende leisten können, indem sie zum einen Flexibilität bereitstellen und zum anderen den Ausstoß von CO_2 verringern können.

Literaturverzeichnis

[ABBB15] AUNDRUP, THOMAS ; BECK, HANS-PETER ; BECKER, ANDREAS ; BERTHOLD, ANDREAS ; CONREDER, ALEXANDER ; ECHTERNACHT, DAVID: *VDE-Studie Batteriespeicher in der Nieder- und Mittelspannungsebene. Anwendungen und Wirtschaftlichkeit sowie Auswirkungen auf die elektrischen Netze*, 2015

[Acer15] ACER: *ACER Market Monitoring Report 2015*, 2015

[AFLW10] ANDOR, MARK ; FLINKERBUSCH, JANSSEN ; LIEBAU, BJÖRN ; WOBBEN, MAGNUS: Handeln am Day-After Strommarkt. In: *ET. Energiewirtschaftliche Tagesfragen 60. Jg., Nr. 5* (2010), S. 46–50

[AlMM13] ALEMANY, JUAN M. ; MAGNAGO, FERNANDO ; MOITRE, DIEGO: Benders Decomposition applied to Security Constrained Unit Commitment. In: *IEEE Latin America Transactions* Bd. 11 (2013), Nr. 1, S. 421–425

[Ampa18] AMPARD: *Pressemitteilung vom 22.01.2018: E-Mobilität, Wohnen und Netze: Audi Smart Energy Network gesteuert mit AMPARD*. URL http://www.ampard.com/wordpress/wp-content/uploads/2018/01/PM_22_01_2018_Ampard_Audi_Smart_Energy_Network.pdf. - abgerufen am 2018-06-12

[Babr15] BABROWSKI, SONJA: *Bedarf und Verteilung elektrischer Tagesspeicher im zukünftigen deutschen Energiesystem* : KIT Scientific Publishing, Karlsruhe, 2015 — ISBN 9783731503064

[Bdew18] BDEW: *Jahresvolllaststunden 2010 bis 2017*, 2018

[BDJK16] BECK, HANS-PETER ; DANZER, MICHAEL ; JOSSEN, ANDREAS ; KNEISKE, TANJA ; LUX, STEPHAN ; SAUER, UWE ; STYCZYNSKI, Z. A.: *Potentiale elektrochemischer Speicher in elektrischen Netzen in Konkurrenz zu anderen Technologien und Systemlösungen (ESPEN): Abschlussbericht* : Schriftenreihe des Energie-Forschungszentrums Niedersachsen (EFZN), Band 44, 2016 — ISBN 978-3-7369-9423-2

[BEHM13] BECK, HANS-PETER ; ENGEL, BERND ; HOFMANN, LUTZ ; MENGES, ROLAND ; TUREK, THOMAS ; WEYER, HARTMUT: Eignung von Speichertechnologien zum Erhalt der Systemsicherheit, Energie-Forschungszentrum Niedersachsen (2013)

[Bend62] BENDERS, J. F.: Partitioning procedures for solving mixed-variables programming problems. In: *Numerische Mathematik* Bd. 4 (1962), Nr. 1, S. 238–252

[BeSS17] BERTSCH, JOACHIM ; SCHWETER, HELENA ; SITZMANN, AMELIE: *Ausgangsbedingungen für die Vermarktung von Nachfrageflexibilität: Status-Quo-Analyse und Metastudie*, 2017

[BETB17] BECK, HANS-PETER ; ENGEL, BERND ; TURSCHNER, DIRK ; BEUSHAUSEN, LENNART ; GOLLENSTEDE, JULIAN ; RAUSCHER, FLORIAN ; SEIDEL, JULIA ; UNGER,

DANIEL: *Technische Mindesterzeugung des Kraftwerksparks bis zum Jahr 2030 in Niedersachsen und Deutschland*: Schriftenreihe des Energie-Forschungszentrums Niedersachsen (EFZN), Band 48, 2017 — ISBN 978-3-73699-626-7

[BHHM16] BROKATE, MARTIN ; HENZE, NORBERT ; HETTLICH, FRANK ; MEISTER, ANDREAS ; SCHRANZ-KIRLINGER, GABRIELA ; SONAR, THOMAS: *Grundwissen Mathematikstudium*. Berlin, Heidelberg : Springer Berlin Heidelberg, 2016 — ISBN 978-3-642-45077-8

[Biss99] BISSCHOP, JOHANNES: Aimms, Optimization Modeling. In: *Paragon Decision Technology* (1999)

[BMCB17] BAKIRTZIS, EMMANOUIL A. ; MARNERIS, ILIAS G. ; CHATZIGIANNIS, DIMITRIS I. ; BISKAS, PANDELIS N. ; BAKIRTZIS, ANASTASIOS G.: Storage management by rolling unit commitment for high renewable energy penetration. In: *2017 IEEE Manchester PowerTech* : IEEE, 2017 — ISBN 978-1-5090-4237-1, S. 1–6

[Bmwi17] BMWI: *EEG in Zahlen: Vergütungen, Differenzkosten und EEG-Umlage 2000 bis 2018.* URL https://www.erneuerbare-energien.de/EE/Redaktion/DE/Downloads/eeg-in-zahlen-pdf.pdf%3F__blob%3DpublicationFile. - abgerufen am 2018-07-15

[Bmwi18a] BMWI: *Energiedaten: Gesamtausgabe.* URL https://www.bmwi.de/Redaktion/DE/Artikel/Energie/energiedaten-gesamtausgabe.html. - abgerufen am 2018-09-03

[Bmwi18b] BMWI: *Zeitreihen zur Entwicklung der erneuerbaren Energien in Deutschland*, 2018

[Bmwi18c] BMWI: *Förderung Energiespeicher.* URL https://www.bmwi.de/Redaktion/DE/Artikel/Energie/foerderung-energiespeicher.html. - abgerufen am 2018-06-12

[Bnet13] BNETZA: *Positionspapier zur Wahrnehmung der Pflichten nach § 4 Abs. 2 StromNZV und Ziffer 5.2. des Standard- bilanzkreisvertrages durch die Bilanzkreisverantwortlichen (BK6-13-104)*. Berlin, 2013

[Bnet15] BNETZA: *Monitoringbericht 2015*, 2015

[Bnet16] BNETZA: *Market Coupling - Kopplung der europäischen Stromgroßhandelsmärkte.* URL https://www.bundesnetzagentur.de/DE/Sachgebiete/ElektrizitaetundGas/Unternehmen_Institutionen/HandelundVertrieb/EuropMarktkopplung/MarketCoupling_node.html. - abgerufen am 2017-06-04

[Bnet17a] BNETZA: *Deutschland und Österreich: Einigung auf gemeinsamen Rahmen für Engpassmanagement.* URL https://www.bundesnetzagentur.de/SharedDocs/Pressemitteilungen/DE/2017/15052017_DE_AU.html. - abgerufen am 2018-03-05

[Bnet17b] BNETZA: *Abgeschlossene Verfahren der Beschlusskammer 6.* URL https://www.bundesnetzagentur.de/DE/Service-Funktionen/Beschlusskammern/Beschlusskammer6/BK6_21_Abgeschlossene_Verfahren/AbgeschlosseneVerfahren-node.html. - abgerufen am 2017-09-04

[Bnet18a] BNETZA: *EEG-Registerdaten und Fördersätze*. URL https://www.bundesnetzagentur.de/DE/Sachgebiete/ElektrizitaetundGas/Unternehmen_Institutionen/ErneuerbareEnergien/ZahlenDatenInformationen/EEG_Registerdaten/EEG_Registerdaten_node.html. - abgerufen am 2018-09-05

[Bnet18b] BNETZA: *Kraftwerksliste*.

[Bnet18c] BNETZA: *Stromerzeugung und -verbrauch in Deutschland*. URL www.smard.de. - abgerufen am 2018-09-10

[Bött11] BÖTTCHER, ENNO: Ein großer Schritt auf dem Weg zum integrierten europäischen Strommarkt. In: *emw Zeitschrift für Energie, Märkte, Wettbewerb* Bd. 1 (2011), S. S. 26-28

[Brai18] ENERGY BRAINPOOL: *Europäisches Kraftwerksverzeichnis*. URL https://www.energybrainpool.com/analyse/europaeischeskraftwerksverzeichnis.html. - abgerufen am 2018-02-20

[Cate16] CATERVA: *Presseinformation: Caterva-Energiemanagement kann virtuelle Speicherkraftwerke vollautomatisch im Intraday-Handel vermarkten*. URL https://www.caterva.de/pdf/20160314_Caterva_PR_Energiemanagement_DE_final.pdf. - abgerufen am 2018-05-09

[CCKK10] COCHRAN, JAMES J. ; COX, LOUIS A. ; KESKINOCAK, PINAR ; KHAROUFEH, JEFFREY P. ; SMITH, J. COLE: *Wiley Encyclopedia of Operations Research and Management Science*. Hoboken, NJ, USA : John Wiley & Sons, Inc., 2010 — ISBN 9780470400531

[Cras17] CRASTAN, VALENTIN: *Elektrische Energieversorgung 2*. Berlin, Heidelberg : Springer Berlin Heidelberg, 2017 — ISBN 978-3-662-48964-2

[Damm15] DAMMASCH, ARNE: *Aktiver Bilanzkreisausgleich durch stromgeführte Blockheizkraftwerke im virtuellen Kraftwerk zur Integration fluktuierend einspeisender regenerativer Energien* : Verlag Dr. Hut, 2015 — ISBN 978-3-8439-2621-8,

[Dena10] DENA: *dena-Netzstudie II, Integration erneuerbarer Energien in die deutsche Stromversorgung im Zeitraum 2015 – 2020 mit Ausblick 2025*, 2010

[Dena12] DENA: *dena Verteilnetzstudie, Ausbau- und Innovationsbedarf der Stromverteilnetze in Deutschland bis 2030*, 2012

[Diec08] DIECKMANN, BIRGIT: *Engpassmanagement im Europäischen Strommarkt*, Westfälische Wilhelms-Universität, 2008

[DKWS11] DOETSCH, CHRISTIAN ; KANNGIEßER, ANNEDORE ; WOLF, DANIEL ; SCHINZ, STEFFEN ; SPERLING, MARCELO ; FREY, HELLMUTH ; KAPTUE, ALAIN KAMGA

Netzintegrierte Stromspeicher zur Integration fluktuierender Energie – Technische Anforde- rungen, ökonomischer Nutzen, reale Einsatz- szenarien, 2011

[Eex17] EEX: *Customer Information 2017-05-18*. URL https://www.google.com/url?sa=t&rct=j&q=&esrc=s&source=web&cd=1&cad=rja&uact=8&ved=2ahUKEwiqk9_w4bzeAhXPsqQKHV_tBYcQFjAAegQIABAC&url=https%3A%2F%2Fwww.eex.com%2Fblob%2F67092%2F19d592fdc571849f2d306e1d5605ce83%2F20170518-customer-information---extension-of. - abgerufen am 2018-03-06

[Ehle11] EHLERS, NILS: *Strommarktdesign angesichts des Ausbaus fluktuierender Stromerzeugung*, TU Berlin, 2011

[Enbw17] ENBW: *EnBW ordnet Priorität bei Speicherprojekten neu: Das Pumpspeicherprojekt Atdorf wird nicht weiterverfolgt*. URL https://www.enbw.com/unternehmen/presse/pressemitteilungen/presse-detailseite_170304.html. - abgerufen am 2018-02-05

[Ener18] ENERGATE: *Schweden übernehmen Batteriespeicherhersteller Caterva*. URL https://www.energate-messenger.de/news/182069/schweden-uebernehmen-batteriespeicherhersteller-caterva. - abgerufen am 2018-04-05

[Enkh18] ENKHARDT, SANDRA: *Siemens und die Insolvenz von Caterva*. URL https://www.pv-magazine.de/2018/01/17/siemens-und-die-insolvenz-von-caterva/. - abgerufen am 2018-02-20

[Ents01] ENTSO-E: *Definitions of Transfer Capacities in liberalised Electricity Markets*, 2001

[Ents16] ENTSO-E: *TYNDP 2016*. URL https://tyndp.entsoe.eu/2016/. - abgerufen am 2018-03-12

[Ents18a] ENTSO-E: *TYNDP 2018*. URL https://tyndp.entsoe.eu/2016/

[Ents18b] ENTSO-E: *Transparency Platform*. URL https://transparency.entsoe.eu. - abgerufen am 2018-10-05

[Epex18] EPEX: *Überblick über die Intraday-Vorlaufzeiten*. URL https://www.epexspot.com/de/produkte/intradaycontinuous/intraday_vorlaufzeit. - abgerufen am 2018-07-12

[Ewis10] EWIS: *European Wind Integration Study*, 2010

[EYPB10] EZZATI, S. M. ; YOUSEFI, G. R. ; PEDRAM, M. M. ; BAGHDADI, M.: Security-constrained unit commitment based on hybrid benders decomposition and mixed integer non-linear programming. In: *2010 IEEE International Energy Conference* : IEEE, 2010 — ISBN 978-1-4244-9378-4, S. 233–237

[Ffe14] FFE: *Gutachten zur Rentabilität von Pumpspeicherkraftwerken*, 2014

[FHKW18] FIGGENER, JAN ; HABERSCHUSZ, DAVID ; KAIRIES, KAI-PHILLIP ; WESSELS,

OLIVER ; TEPE, BENEDIKT ; SAUER, DIRK UWE: *Wissenschaftliches Mess- und Evaluierungsprogramm Solarstromspeicher 2.0, Jahresbericht 2018*, 2018

[FuSE15] FUNCK, FRANZISKA ; SOYCK, FRANK ; ENGEL, BERND: Neue Möglichkeiten der Mehrfachnutzung von verteilten PV-Speichersystemen durch den Einsatz innovativer Messsysteme. In: *ETG-Fachtagung – Von Smart Grids zu Smart Markets 2015* : VDE-VERLAG, 2015

[FüWa14] FÜRSTENWERTH, DANIEL ; WALDMANN, LARS: *Stromspeicher in der Energiewende*, 2014

[FZBS16] FLEER, JOHANNES ; ZURMÜHLEN, SEBASTIAN ; BADEDA, JULIA ; STENZEL, PETER ; HAKE, JÜRGEN-FRIEDRICH ; SAUER, DIRK UWE: Model-based Economic Assessment of Stationary Battery Systems Providing Primary Control Reserve. In: *Energy Procedia* Bd. 99 (2016), S. 11–24

[FZMB17] FLEER, JOHANNES ; ZURMÜHLEN, SEBASTIAN ; MEYER, JONAS ; BADEDA, JULIA ; STENZEL, PETER ; HAKE, JÜRGEN-FRIEDRICH ; UWE SAUER, DIRK: Price development and bidding strategies for battery energy storage systems on the primary control reserve market. In: *Energy Procedia* Bd. 135 (2017), S. 143–157

[Geno13] GENOESE, FABIO: *Modellgestützte Bedarfs- und Wirtschaftlichkeitsanalyse von Energiespeichern zur Integration erneuerbarer Energien in Deutschland* : KIT Scientific Publishing, Karlsruhe, 2013 — ISBN 9783731500025

[GePa15] GERLACH, ANN-KATRIN ; PAPE, CARSTEN: *Abschätzung der ökonomischen Wirkung einer Verteilung von Wind- und PV-Anlagen über Deutschland im Rahmen der „Selbstvermarktung“*, 2015

[Gerd18] GERDING, JONAS: *Emissionshandel: Deshalb ist der CO2-Preis so hoch.* URL https://edison.handelsblatt.com/erklaeren/emissionshandel-deshalb-ist-der-co2-preis-so-hoch/23098080.html?ticket=ST-3103126-Avm0xGdXzzfClrmjkCA2-ap2. - abgerufen am 2018-11-05

[GöSa16] GÖRNER, KLAUS ; SAUER, DIRK UWE: *Konventionelle Kraftwerke. Technologiesteckbrief zur Analyse Flexibilitätskonzepte für die Stromversorgung 2050*, 2016

[GPCS16] GOERGENS, P. ; POTRATZ, F. ; CRAMER, M. ; SCHNETTLER, A. ; WILLING, S.: Review of the Smart Operator in the Field. In: *CIRED Workshop 2016* : Institution of Engineering and Technology, 2016 — ISBN 978-1-78561-202-2, S. 139 (4 .)-139 (4 .)

[Grae14] GRAEBER, DIETMAR RICHARD: *Handel mit Strom aus erneuerbaren Energien, essentials*. Wiesbaden : Springer Fachmedien Wiesbaden, 2014 — ISBN 978-3-658-05940-8

[Grim07] GRIMM, VANESSA: *Einbindung von Speichern für erneuerbare Energien in die Kraftwerkseinsatzplanung – Einfluss auf die Strompreise der Spitzenlast*, Ruhr-Universität Bochum, 2007

[HABE16] HUY, DIETER ; ANDRULEIT, HARALD ; BABIES, HANS-GEORG ; ELSNER, HARALD ; HOMBEG-HEUMANN, DORIS: *Deutschland – Rohstoffsituation 2015*, 2016

[HATT15] 50HERTZ ; AMPRION ; TENNET ; TRANSNETBW: *Anforderungen an die Speicherkapazität bei Batterien für die Primärregelleistung*. URL https://www.regelleistung.net/ext/download/anforderungBatterien. - abgerufen am 2016-08-25

[HATT18a] 50HERTZ ; AMPRION ; TENNET ; TRANSNETBW: *Internetplattform zur Vergabe von Regelleistung*. URL www.regelleistung.net. - abgerufen am 2018-09-28

[HATT18b] 50HERTZ ; AMPRION ; TENNET ; TRANSNETBW: *Präqualifikationsverfahren für Regelreserveanbieter (FCR, aFRR, mFRR) in Deutschland*. URL https://www.regelleistung.net/ext/tender/remark/download/128248889. - abgerufen am 2018-11-01

[Haz16] HAZ: *Ausfall im Heizkraftwerk Stöcken*. URL http://www.haz.de/Hannover/Aus-der-Stadt/Uebersicht/Probleme-mit-Fernwaerme-Heizkraftwerk-in-Hannover-ausgefallen. - abgerufen am 2017-09-24

[HBSB10] HUNDT, MATTHIAS ; BARTH, RÜDIGER ; SUN, NINGHONG ; BRAND, HEIKE ; VOß, ALFRED: *Herausforderungen eines Elektrizitätsversorgungssystems mit hohen Anteien erneuerbarer Energien*. Stuttgart, 2010

[HBSW09] HUNDT, MATTHIAS ; BARTH, RÜDIGER ; SUN, NINGHONG ; WISSEL, STEFFEN ; VOß, ALFRED: Verträglichkeit von erneuerbaren Energien und Kernenergie im Erzeugungsportfolio (2009)

[Heff15] HEFFELS, TOBIAS: *Kraftwerks- und Speicherbedarf bei hohen Anteilen erneuerbarer Energien*, KIT, 2015

[Heit10] HEITMANN, NINA: *Modellierung von Investitionsentscheidungen und Kraftwerkseinsatzplanung unter Unsicherheit mittels Stochastischer Optimierung und Multi-Agenten- Ansatz am Beispiel des deutschen Strommarktes*, Universität Augsburg, 2010

[Hert16] 50HERTZ: *50Hertz Energiewende Outlook 2035*, 2016

[HHLW17] HECKING, HARALD ; HINTERMAYER, MARTIN ; LENCZ, DOMINIC ; WAGNER, JOHANNES: *Energiemarkt 2030 und 2050 – Der Beitrag von Gas- und Wärmeinfrastruktur zu einer effizienten CO2-Minderung*, 2017

[Hube17] HUBER, MATTHIAS: *Flexibility in Power Systems - Requirements, Modeling, and Evaluation*, Technische Universität München, 2017

[IcKu17] ICHA, PETRA ; KUHS, GUNTER: *Entwicklung der spezifischen Kohlendioxid-Emissionen des deutschen Strommix in den Jahren 1990 – 2016*, 2017

[Iea16] IEA: *World Energy Outlook 2016*, 2016

[ITHV17] IMMENDOERFER, ANDREA ; TIETZE, INGELA ; HOTTENROTH, HEIDI ; VIERE, TOBIAS: Life-cycle impacts of pumped hydropower storage and battery storage. In: *International Journal of Energy and Environmental Engineering* Bd. 8 (2017), Nr. 3, S. 231–245

[Juhr16] JUHRICH, KRISTINA: *CO2-Emissionsfaktoren für fossile Brennstoffe*, 2016

[Kall13] KALLRATH, JOSEF: *Gemischt-ganzzahlige Optimierung: Modellierung in der Praxis*. Wiesbaden : Springer Fachmedien Wiesbaden, 2013 — ISBN 978-3-658-00689-1

[KHOS16] KAIRIES, KAI-PHILIPP ; HABERSCHUSZ, DAVID ; OUWERKERK, JONAS VON ; STREBEL, JAN ; WESSELS, OLIVER ; MAGNOR, DIRK ; BADEDA, JULIA ; UWE SAUER, DIRK: *Wissenschaftliches Mess- und Evaluierungsproramm Solarstromspeicher, Jahresbericht 2016*, 2016

[Kons17] KONSTANTIN, PANOS: Transport & Verteilung leitungsgebundener Energien. In: *Praxisbuch Energiewirtschaft*. Berlin, Heidelberg : Springer Berlin Heidelberg, 2017, S. 313–389

[KrAB13] KRZIKALLA, NORBERT ; ACHNER, SIGGI ; BRÜHL, STEFAN: *Möglichkeiten zum Ausgleich fluktuierender Einspeisungen aus erneuerbaren Energien. Studie des BET im Auftrag des BEE*. Aachen, 2013

[Lieb12] LIEBAU, BJÖRN: *Der deutsche Strommarkt - Marktdesign und Anbieterverhalten*, 2012 — ISBN 9783840500664

[LoBE14] LOGES, HAUKE ; BUNK, MARCUS ; ENGEL, BERND: Innovative Last- und Erzeugungsannahmen präzisieren die künftige Netzplanung. In: *EW-Magazin für die Energietechnik* Bd. 08 (2014), S. 68–71

[Loge19] LOGES, HAUKE: *Entwicklung einer Energieeffizienzkennzahl für PV-Batteriespeicher*, TU Braunschweig, 2019

[LuSh05] LU, B. ; SHAHIDEHPOUR, M.: Unit Commitment With Flexible Generating Units. In: *IEEE Transactions on Power Systems* Bd. 20 (2005), Nr. 2, S. 1022–1034

[MaSM97] MA, H. ; SHAHIDEHPOUR, S.M. ; MARWALI, M.K.C.: Transmission constrained unit commitment based on Benders decomposition. In: *Proceedings of the 1997 American Control Conference (Cat. No.97CH36041)* : IEEE, 1997 — ISBN 0-7803-3832-4, S. 2263–2267 Bd.4

[MeCO09] MERCIER, PASCAL ; CHERKAOUI, RACHID ; OUDALOV, ALEXANDRE: Optimizing a battery energy storage system for frequency control application in an isolated power system. In: *IEEE Transactions on Power Systems* (2009) — ISBN 0885-8950 VO - 24

[MeMA14] MEGEL, OLIVIER ; MATHIEU, JOHANNA L. ; ANDERSSON, GORAN: Scheduling distributed energy storage units to provide multiple services. In: *2014 Power Systems Computation Conference* : IEEE, 2014 — ISBN 978-83-935801-3-2, S. 1–7

[Mirb09] MIRBACH, TOBIAS: *Marktsimulationsverfahren zur Untersuchung der Preisentwicklung im europäischen Strommarkt*, RWTH Aachen, 2009

[MoRS14] MOSER, ALBERT ; ROTERING, NIKLAS ; SCHÄFER, ANDREAS: *Unterstützung der Energiewende in Deutschland durch einen Pumpspeicherausbau*, 2014

[Möst06] MÖST, DOMINIK: *Zur Wettbewerbsfähigkeit der Wasserkraft in liberalisierten Elektrizitätsmärkten: Eine modellgestützte Analyse dargestellt am Beispiel des schweizerischen Energieversorgungssystems*, KIT, 2006

[MVCB09] MEEUS, L. ; VANDEZANDE, L. ; COLE, S. ; BELMANS, R.: Market coupling and the importance of price coordination between power exchanges. In: *Energy* Bd. 34 (2009), Nr. 3, S. 228–234

[Nord18] NORDBAYERN: *Pumpspeicherkraftwerk Happurg: Perspektiven fehlen*. URL http://www.nordbayern.de/region/hersbruck/pumpspeicherkraftwerk-happurg-perspektiven-fehlen-1.7587623. - abgerufen am 2018-07-05

[NPNH12] NITSCH, JOACHIM ; PREGGER, THOMAS ; NAEGLER, TOBIAS ; HEIDE, DOMINIK ; TENA, DIEGO LUCA DE TENA: *Langfristszenarien und Strategien für den Ausbau der erneuerbaren Energien in Deutschland bei Berücksichtigung der Entwicklung in Europa und global*, 2012

[Oehs12] OEHSEN, AMANY VON: *Entwicklung und Anwendung einer Kraftwerks- und Speichereinsatzoptimierung für die Untersuchung von Energieversorgungsszenarien mit hohem Anteil erneuerbarer Energien in Deutschland*, Universität Kassel, 2012

[Paul09] PAULUN, TOBIAS: *Simulation der langfristigen Entwicklung des europäischen Elektrizitätsmarktes*, RWTH Aachen, 2009

[PeDi15] PEEK, MARKUS ; DIELS, ROBERT: Strommarktdesign der Zukunft. In: *CLIMATE CHANGE 20/2015* (2015)

[Piel15] PIELKE, MAGNUS: Integrative Nutzung von Batteriespeichern durch eine Energy Storage Cloud. In: *Von Smart Grids zu Smart Markets, Beiträge der ETG-Fachtagung*, 2015

[Popp10] POPP, MATTHIAS: *Speicherbedarf bei einer Stromversorgung mit erneuerbaren Energien*. Berlin, Heidelberg : Springer Berlin Heidelberg, 2010 — ISBN 978-3-642-01926-5

[QiHK14] QIU, TING ; HARING, TOBIAS ; KIRSCHEN, DANIEL: Cost recovery in a rolling horizon unit commitment with energy storage. In: *2014 Power Systems Computation Conference* : IEEE, 2014 — ISBN 978-83-935801-3-2, S. 1–7

[RaCh14] RAJ, VINOD M. ; CHANANA, SAURABH: Analysis of unit commitment problem through Lagrange relaxation and priority listing method. In: *2014 6th IEEE Power India International Conference (PIICON)* : IEEE, 2014 — ISBN 978-1-4799-6041-5, S. 1–6

[Rb14] R2B: *Endbericht Leitstudie Strommarkt*, 2014

[RGHH14] REHTANZ, CHRISTIAN ; GREVE, MARCO ; HÄGER, ULF ; HILBRICH, DOMENIK ; KIPPELT, STEFAN: *dena-Studie Systemdienstleistungen 2030*, 2014

[RoBi18] ROELOFS, MARCEL ; BISSCHOP, JOHANNES: *AIMMS - The Language Reference*, 2018

[Sche02] SCHEIDT, MAXIMILIAN: *Ein Modell zur Mikrosimulation des Spothandels von Strom auf der Basis eines Multi–Agenten–Systems*, RWTH Aachen, 2002

[Schw15] SCHWAB, ADOLF J.: *Elektroenergiesysteme*. Berlin, Heidelberg : Springer Berlin Heidelberg, 2015 — ISBN 978-3-662-46855-5

[ScLL14] SCHLESINGER, MICHAEL ; LINDENBERGER, DIETMAR ; LUTZ, CHRISTIAN: *Entwicklung der Energiemärkte – Energiereferenzprognose, Studie im Auftrag des Bundesministeriums für Wirtschaft und Technologie*, 2014

[Sola18] BSW SOLAR: *Der 100.000. Solarstromspeicher in Deutschland*. URL https://www.solarwirtschaft.de/specials/100000-solarstromspeicher.html. - abgerufen am 2018-11-10

[SPBG17] STEBER, DAVID ; PRUCKNER, MARCO ; BAZAN, PETER ; GERMAN, REINHARD: SWARM — Providing 1 MW FCR power with residential PV-battery energy storage — Simulation and empiric validation. In: *2017 IEEE Manchester PowerTech* : IEEE, 2017 — ISBN 978-1-5090-4237-1, S. 1–6

[Stef11] STEFFEN, BJARNE: Prospects for Pumped-Hydro Storage in Germany. In: *SSRN Electronic Journal* (2011)

[Steu17] STEURER, MARTIN: *Analyse von Demand Side Integration im Hinblick auf eine effiziente und umweltfreundliche Energieversorgung*, Universität Stuttgart, 2017

[StPH12] STRÖBELE, WOLFGANG ; PFAFFENBERGER, WOLFGANG ; HEUTERKES, MICHAEL: *Energiewirtschaft* : Walter de Gruyter, 2012 — ISBN 978-3-486-71674-0

[StSt17] STERNER, MICHAEL ; STADLER, INGO ; STERNER, M. ; STADLER, I. (Hrsg.): *Energiespeicher - Bedarf, Technologien, Integration*. Berlin, Heidelberg : Springer Berlin Heidelberg, 2017 — ISBN 978-3-662-48892-8

[TKSS13] THORBERGSSON, EGILL ; KNAP, VACLAV ; SWIERCZYNSKI, MACIEJ ; STROE, DANIEL ; TEODORESCU, REMUS: Primary Frequency Regulation with Li-Ion Battery Based Energy Storage System - Evaluation and Comparison of Different Control Strategies. In: *Telecommunications Energy Conference „Smart Power and Efficiency“ (INTELEC), Proceedings of 2013 35th International* (2013) — ISBN 9783800735006

[Tran15] TRANSNETBW: *Allgemeines Modell zur Berechnung der Gesamtübertragungskapazität und der Sicherheitsmarge der EnBW Transportnetze AG*, 2015

[TuDO07] TUOHY, AIDAN ; DENNY, ELEANOR ; O'MALLEY, MARK: Rolling Unit

Commitment for Systems with Significant Installed Wind Capacity. In: *2007 IEEE Lausanne Power Tech* : IEEE, 2007 — ISBN 978-1-4244-2189-3, S. 1380–1385

[UnEn15] UNGER, DANIEL ; ENGEL, BERND: Technisch-ökonomische Bewertung der Nutzungsmöglichkeiten von Cloud-Energiespeichern. In: *Von Smart Grids zu Smart Markets, Beiträge der ETG-Fachtagung*, 2015

[UnLE14] UNGER, DANIEL ; LAUDAHN, STEFAN ; ENGEL, BERND: Teilnahme von Photovoltaikanlagen an der Primärregelleistung. In: *13. Symposium Energieinnovation, Technische Universität Graz*, 2014

[UnSE16] UNGER, DANIEL ; SPILLE, SONJA ; ENGEL, BERND: Implementierung von dezentralen Speichern in ein Marktmodell des europäischen Energiesystems. In: *VDE-Kongress 2016 – Internet der Dinge*, 2016

[Vde11] VDE: *Erneuerbare Energie braucht flexible Kraftwerke – Szenarien bis 2020*, 2011

[WaHo17] WANG, QIN ; HODGE, BRI-MATHIAS: Enhancing Power System Operational Flexibility With Flexible Ramping Products: A Review. In: *IEEE Transactions on Industrial Informatics* Bd. 13 (2017), Nr. 4, S. 1652–1664

[WaRe10] WANIEK, DANIEL ; REHTANZ, CHRISTIAN: Vergleich von Allokationsmethoden zur Kapazitätsvergabe bei grenzüberschreitenden Netzengpässen. In: *Zeitschrift für Energiewirtschaft* Bd. 34 (2010), Nr. 3, S. 185–194

[Wawe09] WAWER, TIM: Effizientes Engpassmanagement zur Schaffung eines europäischen Strombinnenmarktes — die Rolle von finanziellen Übertragungsrechten. In: *Zeitschrift für Energiewirtschaft* Bd. 33 (2009), Nr. 2, S. 91–97

[WBTQ15] WENIGER, JOHANNES ; BERGNER, JOSEPH ; TJADEN, TJARKO ; QUASCHNING, VOLKER: *Dezentrale Solarstromspeicher für die Energiewende*, 2015 — ISBN 978-3-8305-3548-5

[Wd17] WD: *Entwicklung der Stromspeicherkapazitäten in Deutschland von 2010 bis 2016 (WD 8 - 3000 - 083/16)*, 2017

[Weiß09] WEIßBACH, TOBIAS: *Verbesserung des Kraftwerks- und Netzregelverhaltens bezüglich handelsseitiger Fahrplanänderungen* : Fortschritt-Berichte VDI, Reihe 6 Nr. 586, 2009 — ISBN 978-3-18-358606-6

[Wils02] WILSON, ROBERT: Architecture of power markets. In: *Econometrica* (2002) — ISBN 00129682

[Youn13] YOUNICOS: *Erste Batterie am deutschen Regelleistungsmarkt. Younicos und Vatten- fall gleichen mit Großbatterie in Berlin kurzfristige Netzschwankungen aus.* URL http://www.younicos.com/de/mediathek/pressemeldungen/011_1MWPRL-Vattenfall.html. - abgerufen am 2015-02-03

Anhang

Tabelle A1: Liste der Pumpspeicherkraftwerke in Deutschland, nach Leistung absteigend sortiert. Datenquelle: [Bnet18b, Geno13]

Name	Inbetriebnahme	Wirkungsgrad (%)	Kapazität (MWh)	Einspeiseleistung (MW)	Ausspeiseleistung (MW)
Bleiloch	1932	60,1	753	32	80
Häusern	1931	70,0	463	104	144
Hohenwarte 1	1959	60,0	795	34	63
Hohenwarte 2	1966	76,9	2.087	310	320
Niederwartha	1957	53,0	591	120	120
Schwarzenbachwerk	1926	55,1	198	20	20
Waldshut	1951	65,0	402	80	80
Witznau	1943	61,1	626	220	220
Erzhausen	1964	74,0	940	230	220
Geesthacht	1958	68,1	600	96	120
Glems	1964	72,9	560	68	90
Goldisthal	2004	79,9	8.480	1.140	1.060
Happurg[9]	1958	72,1	900	126	160
Herdecke	1989	75,0	580	154	153
Langenprozelten	1974	75,0	950	154	168
Leitzachwerk 1	1983	76,0	550	45	49
Leitzachwerk 2	1960	76,0	550	37	49
Markersbach	1980	72,9	4.018	1.140	1.050
Reisach Rabenleite	1955	75,0	630	81	105
Rönkhausen	1969	75,0	690	140	140
Säckingen	1966	76,9	2.064	301	353

[9] Laut Kraftwerksliste im Status „Sonderfall". Das Pumpspeicherkraftwerk befindet sich seit 2011 in der Sanierung, nachdem Schäden am Oberbecken festgestellt wurden [Nord18]. Eine Wiedereröffnung ist für frühestens 2021 geplant.

Tanzmühle	1959	69,1	404	25	35
Waldeck 1	1931	75,0	478	96	140
Waldeck 2	1974	70,0	3.428	476	440
Wehr	1975	76,0	6.073	990	980
Wendefurth	1967/8	70,1	523	72	80
Summe			38.333	6.291	6.439

Tabelle A2: Prozentuale Gewichtungsfaktoren für die Berechnung des Durchschnittsspeichers

Speicher-größe	***Größe der PV-Anlage***	***Jahresenergieverbrauch***			
		< 3.000 kWh	**3.000 kWh bis 3.500 kWh**	**3.500 kWh bis 4.000 kWh**	**4.000 kWh bis 4.500 kWh**
2 kWh	**3 kWp**	4,5 %	0 %	0 %	0 %
	4 kWp	5,5 %	0 %	0 %	0 %
3 kWh	**3 kWp**	1,35 %	0 %	0 %	0 %
	4 kWp	1,65 %	0 %	0 %	0 %
4 kWh	**3 kWp**	1,05 %	1,05 %	1,16 %	1,01 %
	4 kWp	1,27 %	1,27 %	1,40 %	1,22 %
	5 kWp	1,47 %	1,47 %	1,62 %	1,41 %
	6 kWp	2,40 %	2,40 %	2,65 %	2,30 %
	7 kWp	0,98 %	0,98 %	1,09 %	0,94 %
5 kWh	**3 kWp**	0,48 %	0,48 %	0,53 %	0,46 %
	4 kWp	0,59 %	0,59 %	0,65 %	0,57 %
	5 kWp	0,67 %	0,67 %	0,74 %	0,65 %
	6 kWp	1,10 %	1,10 %	1,22 %	1,06 %
	7 kWp	0,91 %	0,91 %	1,01 %	0,88 %
	8 kWp	0,77 %	0,77 %	0,85 %	0,74 %
	9 kWp	1,09 %	1,09 %	1,20 %	1,04 %
	10 kWp	0,63 %	0,63 %	0,69 %	0,60 %

6 kWh	**5 kWp**	0,59 %	0,59 %	0,66 %	0,57 %
	6 kWp	0,97 %	0,97 %	1,07 %	0,93 %
	7 kWp	0,81 %	0,81 %	0,89 %	0,77 %
	8 kWp	0,68 %	0,68 %	0,75 %	0,65 %
	9 kWp	0,96 %	0,96 %	1,06 %	0,92 %
	10 kWp	0,55 %	0,55 %	0,61 %	0,53 %
7 kWh	**6 kWp**	0,47 %	0,47 %	0,52 %	0,45 %
	7 kWp	0,79 %	0,79 %	0,87 %	0,75 %
	8 kWp	0,66 %	0,66 %	0,73 %	0,63 %
	9 kWp	0,93 %	0,93 %	1,03 %	0,90 %
	10 kWp	0,54 %	0,54 %	0,60 %	0,52 %

Tabelle A3: Jahresverbrauch der simulierten Haushalte

Bereich nach Abbildung A.1	***Hinterlegte Haushaltsprofile***
< 3.000 kWh/a	**2.765,1 kWh/a**
	2.874,5 kWh/a
	2.966,8 kWh/a
3.000 – 3.500 kWh/a	**3.092,8 kWh/a**
	3.140,4 kWh/a
	3.175,2 kWh/a
	3.322,0 kWh/a
	3.372,7 kWh/a
	3.442,5 kWh/a
3.500 – 4.000 kWh/a	**3.582,5 kWh/a**
	3.612,5 kWh/a
	3.614,0 kWh/a
	3.626,4 kWh/a
	3.653,5 kWh/a
	3.706,9 kWh/a
	3.824,2 kWh/a
	3.882,8 kWh/a
	3.925,3 kWh/a
	3.950,1 kWh/a
4.000 – 4.500 kWh/a	**4.379,1 kWh/a**

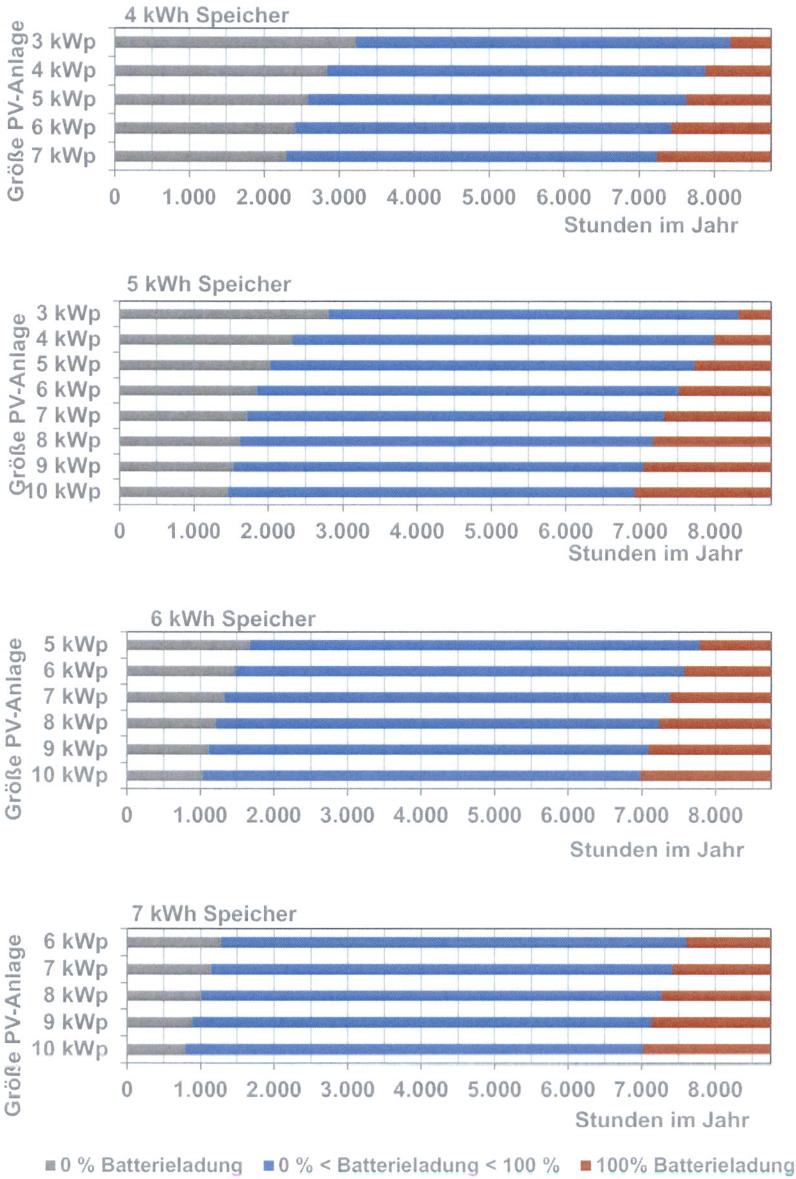

Abbildung A1: Verfügbarkeit der Solarstromspeicher bei konstantem Jahresverbrauch und variierender Größe der Photovoltaikanlage und Speichergröße

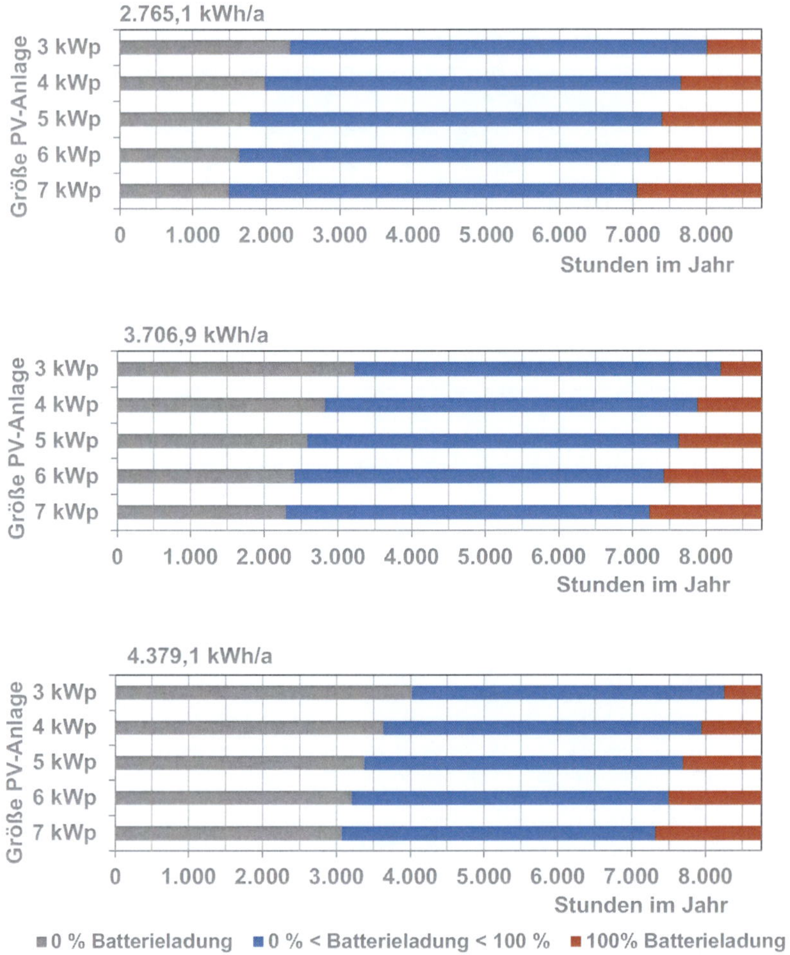

Abbildung A2: Verfügbarkeit eines Haushaltspeichers mit 4 kWh bei variierendem Jahresverbrauch und Größe der Photovoltaikanlage

Tabelle A4: Installierte Nettokapazitäten konventioneller Erzeugung, Pumpspeicher und erneuerbarer Energien im Jahr 2015 (Daten aus [Ents16, Ents18b, Ents18a])

Land	Nuklear (MW)	Braunkohle (MW)	Steinkohle (MW)	Gas (MW)	PSK (MW)	Müll (MW)	Biomasse (MW)	Wasser (MW)	Solar (MW)	Wind Onshore (MW)	Wind Offshore (MW)
AL				800				1725	500	250	
AT			1171	4820		23	596	13656	732	2489	
BA		1613						2089			
BE	5926		470	6064	1308	292	918	116	3068	1460	712
BG	2000	4199	708	799	864		64	2334	1041	701	
CH	3333					398	248	11907	1061	60	
CY				1478						155	
CZ	4040	8334	1200	1986	1172		850	1081	2070	280	
DE	10793	20929	26479	28325	6279	1621	6804	4015	38523	41032	3283
DK			4835	3001		341	484	8	781	3808	1271
EE				259		20	82	8	1	306	
ES	7572	1055	9880	32329	3328	754	742	17018	6961	23029	
FI	2782		3295	1743			1919	3263		1082	
FR	63130		3007	10831		871	833	23703	6196	10324	
GB	8981		17926	33011			1788	4260	9063	8502	4251
GR		4456		5613			52	3393	2605	2092	
HR			325	731			48	2112	44	429	
HU	1887	1007		4124		26	308		29	328	
IE		346	855	4270	292	9	7	242		2400	
IT			6357	40071	4753	326	3859	20431	18920	9129	
LT				2333	900	18	53	126	69	290	
LU				495	1290	21	11	32	116	60	
LV				1219			130	1570		71	
ME		220			649						

MK		718		250			4	539	17	36	
NL	486		5658	19914		674	398	38	1429	3284	357
NO				749				31200		867	
PL		8503	18838	1303	1394		934	954	108	4828	
PT			1756	4698			614	6156	429	4846	
RO	1300	3778	1148	4212			98	6352	1225	2917	
RS		5263		311	620			2389			
SE	9714		225	4156			2978	16184	104	6029	
SK	1940	568	440	1093	916		259	1217	532	3	
SL	696	921		439	180	40	41	1053	263	3	

Anmerkung: In Tabelle 10 ist der Anteil an installierter Leistung in Deutschland, Österreich und Luxemburg unterschiedlich zu den Werten in Tabelle A4, weil bei Tabelle 10 der Stand zum Anfang des Jahres 2015 angegeben wird und bei Tabelle A4 zum Ende des Jahres.

-> Nach

Von ->	AL	AT	BA	BE	BG	CH	CY	CZ	DE	DK	EE	ES	FI	FR	GB	GR	HR
AL																100	
AT						612		619	1500								
BA																	500
BE														1361			
BG																423	
CH		1193							4000					1108			
CY																	
CZ		586							2722								
DE		1500				1094		1321		1473				2472			
DK									1069								
EE													838				
ES														861			
FI											795						
FR				2321		3093			1798			1045			1829		
GB														1829			
GR	150				316												
HR			600														
HU		599															1000
IE															80		
IT		96				1717								1021		224	
LT																	
LU									max								
LV											809						
ME	200		400														
MK																	
NL				1240					2257						853		
NO										807							
PL								639	1261								
PT												2069					
RO					93												
RS	210				300												450
SE									385	1733			2579				
SL		946															1380
SK								1187									

Von ->	HU	IE	IT	LT	LU	LV	ME	MK	NL	NO	PL	PT	RO	RS	SE	SL	SK
AL							200							210			
AT	514		217													684	
BA							400							350			
BE									1336								
BG													118	450			
CH			2549														
CY																	
CZ											598						1672
DE					max				2231		666				448		
DK										853					1911		
EE						781											
ES												1980					
FI															2238		
FR			2267														
GB		450							852								
GR			224														
HR	1200													350		1447	
HU													352	600			761
IE																	
IT																649	
LT						485											
LU																	
LV				921													
ME														400			
MK														400			
NL										678							
NO									664						2974		
PL															110		491
PT																	
RO	343													700			
RS	700						450	500					500				
SE										3149	373						
SL			488														
SK	1095										452						

Abbildung A3: NTC-Werte für 2015 (eigene Darstellung, Daten aus [Acer15])

-> Nach

Von ->

	AL	AT	BA	BE	BG	CH	CY	CZ	DE	DK	EE	ES	FI	FR	GB	GR	HR	HU	IE	IT	LT	LU	LV	ME	MK	NL	NO	PL	PT	RO	RS	SE	SK	SL
AL																250								400	500						500			
AT						1700		1000	7500									1200		1050														1200
BA																	1250							800							1100			
BE									1000					2800	1000							680				1336								
BG																1350									500	3400				1100	350			
CH		1700							5600					1300						6000														
CY																																		
CZ		1200							2600																			600					1800	
DE		7500		1000		3300		2000		4000				4500	1400							max				5000	1400	3000				1315		
DK									3985						1400											700	1700					2440		
EE													1016										1379											
ES														5000															4200					
FI											1016																					3200		
FR				4300		3700			4500			5000			6900					4350		380												
GB				1000					1400	1400				6900					500							1000	2800							
GR	250				800															500					1200									
HR			1250															2000													600			2000
HU		800															2000													1300	600		2000	1200
IE															500											1250								
IT		850				3700								2160		500								1200										1640
LT																							1200					1000				700		
LU									max																									
LV											1379										1500													
ME	400		750																		1200										700			
MK	500				500											1200															750			
NL				3400					5000	700					1000				1200								700							
NO									1400	1640					2800											700						3695		
PL								600	2000												1000											600	990	
PT												3500																						
RO					1500													1400													1300			
RS	500		1200		250												600	600						700	750					1300				
SE									1300	2380			3200								700						3995	600						
SK								1187										2000										990						
SL		1200															2000	1200		1895														

Abbildung A4: NTC-Werte für 2030 (eigene Darstellung, Daten aus [Ents18a])

Eigene Veröffentlichungen

Im Rahmen meiner wissenschaftlichen Tätigkeit am Institut für Hochspannungstechnik und Elektrische Energieanlagen (elenia) entstanden insgesamt 14 wissenschaftliche Veröffentlichungen. Die erzielten Forschungsergebnisse wurden auf internationalen sowie nationalen Tagungen und Konferenzen vorgestellt.

[BEHA17] BECK, HANS-PETER ; ENGEL, BERND ; HOFMANN, LUTZ ; AHMELS, JAN ; LOGES, HAUKE ; PAWELLEK, ARNE ; RÖMER, GOTTFRIED ; TKALCEC, KARLO ; U. A.: *Netzauslastung und Aufnahmekapazität für Erneuerbaren Strom* : Schriftenreihe des Energie-Forschungszentrums Niedersachsen (EFZN), Band 49, 2017 — ISBN 978-3-73699-699-1

[BETB17] BECK, HANS-PETER ; ENGEL, BERND ; TURSCHNER, DIRK ; BEUSHAUSEN, LENNART ; GOLLENSTEDE, JULIAN ; RAUSCHER, FLORIAN ; SEIDEL, JULIA ; UNGER, DANIEL: *Technische Mindesterzeugung des Kraftwerksparks bis zum Jahr 2030 in Niedersachsen und Deutschland* : Schriftenreihe des Energie-Forschungszentrums Niedersachsen (EFZN), Band 48, 2017 — ISBN 978-3-73699-626-7

[UnEn17] UNGER, DANIEL ; ENGEL, BERND: Einsatz von dezentralen Speichern für den kurzfristigen Bilanzkreisausgleich. In: *International ETG Congress 2017, November 28-29, 2017, Bonn, Germany*, 2017, S. 155–160

[UnSE16] UNGER, DANIEL ; SPILLE, SONJA ; ENGEL, BERND: Implementierung von dezentralen Speichern in ein Marktmodell des europäischen Energiesystems. In: *VDE-Kongress 2016 – Internet der Dinge*, 2016

[MHKU15] MUUß, FRIDOLIN ; HEMDAN, NASSER G.A. ; KURRAT, MICHAEL ; UNGER, DANIEL ; ENGEL, BERND: Dynamic virtual reactive power plant in active distribution networks. In: *2015 IEEE Eindhoven PowerTech* : IEEE, 2015 — ISBN 978-1-4799-7693-5, S. 1–6

[WKUL15] WESTERHOFF, UWE ; KURBACH, KERSTIN ; UNGER, DANIEL ; LOGES, HAUKE ; HAUCK, DANIEL ; KURRAT, MICHAEL ; ENGEL, BERND ; LIENESCH, FRANK: Evaluation of the entire battery life cycle with respect to lithium ion batteries. In: *International ETG Congress 2015 - Die Energiewende*, 2015

[UnEn15] UNGER, DANIEL ; ENGEL, BERND: Technisch-ökonomische Bewertung der Nutzungsmöglichkeiten von Cloud-Energiespeichern. In: *Von Smart Grids zu Smart Markets, Beiträge der ETG-Fachtagung*, 2015

[KoUE14] KOCH, STEFANIE ; UNGER, DANIEL ; ENGEL, BERND: Technische und wirtschaftliche Optimierung von Betriebsstrategien für thermisch-elektrisch gekoppelte Systeme. In: *VDE-Kongress 2014 - Smart Cities – Intelligente Lösungen für das Leben in der Zukunft*, 2014

[EULO14] ENGEL, BERND ; UNGER, DANIEL ; LAUDAHN, STEFAN ; OSTERKAMP, BJÖRN ; BETTENWORT, GERT ; BULO, THORSTEN ; JAHN, JÖRG ; KNOPF, HANNES ; U. A.: Systemdienstleistungen von Photovoltaikanlagen zwischen

Netzanschlussbedingungen und Markt - zwischen Pflicht und Kür. In: *Zukünftige Stromnetze für erneuerbare Energien : OTTI-Konferenz*, 2014

[HMUK14] HEMDAN, NASSER G.A. ; MUUß, FRIDOLIN ; UNGER, DANIEL ; KURRAT, MICHAEL: Reactive Power as Ancillary Service Provision into Transmission Networks through Decentralized Generation. In: *Cigré, International Conference on Innovation for Secure and Efficient Transmission Grids*, 2014

[UnLE14] UNGER, DANIEL ; LAUDAHN, STEFAN ; ENGEL, BERND: Teilnahme von Photovoltaikanlagen an der Primärregelleistung. In: *13. Symposium Energieinnovation, Technische Universität Graz*, 2014

[Arbe13] ARBEITSGRUPPE ENERGIESPEICHER: *Eignung von Speichertechnologien zum Erhalt der Systemsicherheit* : -Forschungszentrums Niedersachsen (EFZN), Band 13, 2013 — ISBN 978-3-95404-439-9

[UnHK13] UNGER, DANIEL ; HEMDAN, NASSER G.A. ; KURRAT, MICHAEL: Einsatzstrategien für dezentrale Erzeugungsanlagen zur Blindleistungskompensation oder -bereitstellung aus dem Verteilnetz. In: *Internationaler ETG-Kongress 2013 – Energieversorgung auf dem Weg nach 2050*, 2013

[UnHK13] UNGER, DANIEL ; HEMDAN, NASSER G.A. ; KURRAT, MICHAEL: Reactive power concepts in the future distribution networks. In: *22nd International Conference and Exhibition on Electricity Distribution (CIRED 2013)* : Institution of Engineering and Technology, 2013 — ISBN 978-1-84919-732-8, S. 1293–1293

Studentische Arbeiten

Während meiner wissenschaftlichen Tätigkeit am Institut für Hochspannungstechnik und Elektrische Energieanlagen (elenia) wurden 16 studentische Arbeiten unter meiner Betreuung angefertigt. Die untenstehenden Studien-, Diplom-, Bachelor- und Masterarbeiten lieferten unter anderem grundlegende Kenntnisse für diese Dissertation und auch immer wieder hilfreiche Anregungen. Mein besonderer Dank gilt daher den genannten Studierenden.

Sonja Spille: Analyse und Implementierung von dezentralen Energiespeichern in ein Fundamentalmodell des Energiemarktes (Masterarbeit, 2016)

David Treumann: Entwicklung von Handelsstrategien für Wirkleistung unter Berücksichtigung zum Lieferzeitpunkt hin zunehmender Prognosegenauigkeit (Diplomarbeit, 2016)

Anna Katharina Weißenmayer: Analyse und Entwicklung eines Berechnungsmodells der EEG-Umlage (Bachelorarbeit, 2015)

Gary Hohlstein: Analyse der Modellierungsmöglichkeiten für die EEG-Umlage (Projektarbeit, 2015)

Elisabeth Schneider: Wirtschaftlichkeitsuntersuchung und Vergleich verschiedener Anwendungsmöglichkeiten von Batteriespeichern (Masterarbeit, 2014)

Lukas Langenhorst: Entwicklung von Betriebsstrategien für elektrische Energiespeicher und deren wirtschaftliche Abschätzung (Masterarbeit, 2014)

Elena Rüdenauer: Systemvergleich und Analyse der Nutzung von Speichern mit anderen Flexibilitätsoptionen (Bachelorarbeit, 2014)

Joschka Fürup: Analyse der Bietstrategien konventioneller Kraftwerke auf dem Spotmarkt (Bachelorarbeit, 2014)

Lipták Szilárd: Modellierung eines Speichers in DIgSILENT PowerFactory (Bachelorarbeit, 2013)

Sascha Möser: Modellierung des EPEX Day-Ahead-Spotmarktes für Deutschland über eine Implementierung in Matlab (Bachelorarbeit, 2013)

Aleksej Vdovicenko: Analyse des Blindleistungsbedarfs im Übertragungsnetz mit DIgSILENT PowerFactory (Masterarbeit, 2013)

Eric Joost: Analyse zukünftiger Marktformen im deutschen Energiemarkt (Studienarbeit, 2013)

Britta Crone: Analyse des bilanziellen Speicherbedarfs in Deutschland (Studienarbeit, 2013)

Sebastian Gellrich: Analyse der Modellierungsmöglichkeiten für einen Energiemarkt (Bachelorarbeit, 2013)

Eugen Chernyak: Analyse und Beschaffung von Systemdienstleistungen im ENTSO-E (Bachelorarbeit, 2013)

André Thomas: Analyse der Auswirkungen unterschiedlicher Blindleistungskennlinien auf die Blindleistungsbilanz von Niederspannungsnetzen (Studienarbeit, 2013)

Lebenslauf

Daniel Unger

Geburtsdatum/-ort: 21. Juli 1985 in Lüneburg

Berufliche Erfahrungen

09/2017 – heute	Hidden Industries GmbH (geschäftsführender Gesellschafter)
04/2016 – heute	Hidden in Hannover GbR (geschäftsführender Gesellschafter)
05/2015 – heute	Hidden in Braunschweig GbR (geschäftsführender Gesellschafter)
06/2012 – 06/2018	Technische Universität Braunschweig Wissenschaftlicher Mitarbeiter am Institut für Hochspannungstechnik und Elektrische Energieanlagen – elenia
07/2005- 03/2006	Grundwehrdienst im Panzeraufklärungslehrbataillon 3, Lüneburg

Studium

10/2006 - 04/2012	Technische Universität Braunschweig Studium des Wirtschaftsingenieurwesens Fachrichtung Elektrotechnik, Diplom Wirtschaftsingenieurwesen Schwerpunkte: Elektrische Energieversorgung, Controlling und Unternehmensrechnung, Produktion und Logistik Diplomarbeit: Modellierung eines Smart Grids unter Berücksichtigung fluktuativer Energieumwandlung, Konzepten Virtueller Kraftwerke und Speichern

Schulbildung

08/1998 - 07/2005	Bernhard-Riemann-Gymnasium Scharnebeck Allgemeine Hochschulreife

Braunschweig, im Dezember 2019